从1973 到 2014
从家庭烘培坊到高级餐厅
从第一次触摸面团，到随心烘制花样面包
无论何时，何地，何双巧手
烘培在变，发酵不变
制作在变，美味不变

加点烘焙魔法
加点燕牌

U0272447

The Original
原·本

FOR BAKE 法焙客

家庭烘焙好帮手！

FORBAKE,

FOR YOU!

FOR LOVE......

法焙客源自国内烘焙器具知名老品牌:

"风和日丽 Flowery" Since 2003 母公司：无锡贝克威尔器具公司

为烘焙器具国家标准起草单位 国标号：GB/T 32389-2015

2014 创建"法焙客"品牌，独立运营 专注家庭烘焙器具，立志为国内烘焙

爱好者提供：安全、易用、优质的烘焙器具

咨询热线：0510-68795179

中华美食频道 《烘焙来了》栏目组　著

BAKING

烘焙来了

第/1/季

曹大师的私房烘焙清单

青岛出版社
NGDAO PUBLISHING HOUSE

中华美食频道介绍

卫星数字专业频道——中华美食频道创建于2005年，由青岛广电影视传媒集团旗下主力公司：青岛广电中视文化有限公司全权运营，是国家广电总局批复的唯一以"中华"呼号的电视频道。通过（中星6B）卫星覆盖亚洲播出，在中国国内覆盖300多座城市，近1.3亿家庭用户，每天18小时播出各类美食栏目近50档，是目前亚洲最大的美食视频生产机构和播出平台。于2008年在伦敦荣获"中国最佳美食媒体"大奖，2010年荣获国家数字广电产业发展中心评选的"2010年度最受网络关注的十佳付费频道"奖项，2013年在法国被世界美食美酒电视节（WFWF-TV）评选为"世界最佳美食频道"，与亚洲美食频道、美国美食频道并称世界三大美食频道。

中华美食频道开播之初即创办了全国第一档大型美食文化栏目《满汉全席》，与央视CCTV合作长达7年，是中国最具影响力的专业美食文化栏目。400位八大菜系当代名厨参赛，100位中国烹饪大师精彩点评，为观众呈现了近3000道造型精美的菜肴，被业内誉为当今中国美食界的《四库全书》。该栏目曾荣获"全国十佳栏目提名奖"，连续三年获"中国山东省广播电视一等奖"。

由央视《满汉全席》原班人马组成的拥有丰富经验的美食电视栏目制作和主持团队，先后参与了近50档美食电视栏目的前期策划、拍摄和后期制作。这其中包含了目前中国电视史上唯一一部针对丝绸之路美食领域的大型美食文化纪录片《丝绸之路上的美食》，该栏目曾荣获中国广播电视协会颁发的"全国播出一等创优系列栏目"奖、世界美食美酒电视节"最佳旅游类美食节目"奖，并入围新加坡亚洲电视节"纪录片系列奖"，以《丝绸之路上的美食》纪录片为题材的《传奇丝绸之路 魅力特色美食》系列图书荣获"2012世界美食图书大奖赛"颁发的"2012世界美食图书大奖"。2011年5月，《丝绸之路上的美食》栏目主创人员受法国前总理拉法兰邀请，作为唯一被邀请的中方媒体代表出席"中法美食文化对话"；2011年9月，由中国国务院新闻办公室、中国驻德大使馆和柏林市政府联合举办的第8届柏林亚太周，《丝绸之路上的美食》作为国家重点对外文化宣传纪录片在德国科隆、不莱梅等重要城市媒体上播放并广受好评。

还有诸如《世界名酒品鉴》（国内第一个进入北纬37.2度世界葡萄酒产区取景拍摄的电视栏目）、《行走的筷子》等优秀美食文化栏目，内容体现中国文化、突显美食文化、展现地域文化、融合世界文化，具有广泛的国际知名度和影响力。全力打造为中国百姓餐桌的好管家、华人家庭饮食生活的调剂师、东西方饮食文化融合的交流平台公司的不懈努力、良好的品牌建设及经营业绩，使中华美食频道获得了行业内外的肯定。先后荣获北京文博会和中国光华基金会颁发的"中国创意产业高成长企业百强"以及由国家商务部、中宣部、文化部、广电总局和新闻出版总署五部委联合评选的"国家文化出口重点企业"等荣誉。栏目发行覆盖香港、澳门、台湾等地区以及北美、马来西亚、新加坡、泰国等国家主流电视媒体，同时与中国航美、中国台湾长荣、德国汉莎等国内外知名航空媒体也有合作。

中华美食频道大力拓展多媒体平台，以卫星电视频道的运营为核心，与相关产业紧密结合，从原先单一的电视内容提供商向服务于全国乃至全球的媒体合作平台进行转变，带动整个产业集群从原先单一的电视内容提供商身份转化成面向全国、全球的内容提供者。先后打造了网络直播频道——中华美食频道PPTV网络台、手机直播频道——中华美食频道中投视讯手机台，成为中国移动视频美食类唯一内容合作伙伴。形成了以运用媒体手段、借助移动互联网，服务多媒体、多产业链的新型"商业传媒"运营模式，致力于"平台"的打造与发展。同时以节目点播、频道直播、专题推荐等形式与新媒体合作，运用微信、微博、易信、来往、微视等互联网应用以及天猫、淘宝等电子商务平台，通过电视端、PC端、移动端、手机端"四屏合一"，打造"美食"产业生态链。

序言

　　《烘焙来了》是国内首档以"家庭烘焙"为核心内容的全媒体栏目，也是中华美食频道打造的一档探索式栏目。特邀中国烘焙大师曹继桐先生担纲节目顾问及主持，曹大师作为国际烘焙大师、国际评委、国家级考评员，曾多次在国际大赛中取得骄人成绩，是中国烘焙业界的领军人物之一。他2013年创办曹继桐烘焙艺术馆，致力于传承手工烘焙技艺和文化，将世界领先的烘焙技术推广到国内市场。栏目从手法、配方、技巧、工具等多个角度全面地向观众展示经典烘焙产品与创新烘焙方法，细致梳理，权威发声，更有烘焙文化的融会贯通。有别于网络上"重形不重义"的烘焙视频，《烘焙来了》不仅仅是要传递烘焙的新奇与快乐，更是要让烘焙爱好者们学到最正宗的手法，得到更系统的指导。

　　栏目全程高清拍摄，运用了大量的浅景和特写，给予世界顶级烘焙技艺和作品生动的展示，让观者体验体贴温馨的"伴随式"烘焙指导。每一道西点的制作过程都做了细致的分解与详尽的解说：从理论到实践，甚至是西点背后的动人故事都无一遗漏。从此对那些语焉不详的配方，以及不得其解的手法"说再见"。

　　摆脱传统电视栏目的桎梏，《烘焙来了》以产品经理人为运营核心，立足一档电视栏目，结合线上、线下两种互动形式，输出电视、PC、手机三个呈现端口，同时以微媒体、电商、直播、纸媒四大端口来营销推广，力求打造一条具有独家性、权威性、广泛性的烘焙产业链。

　　《烘焙来了》一经播出，便受到了众多烘焙爱好者的广泛关注和欢迎，"烘焙来了"微信公众号开通仅数月，便急速地吸引并聚集了10万铁杆"烘焙粉"，栏目开办的烘焙公益课堂微信同好群已达15个，并仍在持续增长。《烘焙来了》除了在中华美食频道每日四档时段播出，同时还在腾讯视频、爱奇艺视频、PPTV聚力视频、中国移动咪咕视讯等多个平台开设了"烘焙来了"专区，粉丝可随时、随地、随心观看，这已不仅仅是一档烘焙电视栏目，而是您的烘焙"朋友圈"。

此次《烘焙来了》出版成书，即是想把那些浸润于美食之中却又洋溢于食材之外的美好点染于纸上，让它保存更长久、获取更便捷，与更多烘焙爱好者分享烘焙带来的温情和爱。

本书一共精选了五大类西点：饼干、蛋糕、面包、派挞及其他西点，共100个配方，不但包括了各大类的经典品种(如黄油曲奇、戚风蛋糕、法棍等)，也介绍了很多独特又可口易做的品种(如棒棒糖、各类慕斯等)。每一款配方，都由曹大师亲自示范操作，从初学到精进，都可以成为你的常备烘焙工具书。

《烘焙来了》还将继续前行，与栏目合作的媒体首家天猫卖场型旗舰店——FOODTV天猫旗舰店已经上线、天猫固定直播栏目以及烘焙高清频道也正在筹建当中。未来，烘焙粉丝圈、烘焙品牌产品推广、烘焙专营店加盟连锁、烘焙线上线下培训教育、烘焙企业培训视频、烘焙线上线下活动等于一体的烘焙全线产业链都将陆续展开。从栏目到产业，这是我们自身探索的开端，同时也希望以微薄之力，可以助益于中国烘焙行业的发展，推动家庭烘焙产业的丰富和完善。

中华美食频道CEO

戴文海

自序

　　《烘焙来了》是我和中华美食频道合作的一个烘焙教学美食节目，这个节目自播出以来，就受到广大烘焙爱好者的喜欢，收视率很高。通过观看节目，大家不仅可以看到烘焙产品的现场操作，而且我也会在制作过程中，将一些工作中积累起来的经验、操作技巧和一些小窍门传授给大家。每个产品都有详细的配方说明、细致的操作步骤、简明的步骤回放，即使之前对烘焙不了解的朋友，也能跟着循序渐进地学做产品，爱上烘焙。

　　经过一年多的拍摄，这个节目一共制作了100多个作品，包括饼干、蛋糕、巧克力、面包、糖果、布丁等，其中不仅有季节性的产品，也有具有不同国家特色的产品，品种众多，完全可以满足广大烘焙爱好者的求知需求。

　　作为《烘焙来了》美食节目的衍生产品，本书不仅还原了美食节目本身的基本内容，尤其增加了相关烘焙理论与延伸阅读等，不但有利于读者细致阅读，也便于随时查阅相关内容，将美食节目用另一种形式延续下来。

　　最后，对社会各界和电视、网络媒体对《烘焙来了》的关注和支持表示衷心的感谢，向为《烘焙来了》的播出和图书的出版付出心血和智慧的曹继桐烘焙艺术馆的同事及所有参与者表示诚挚的问候！

曹继桐烘焙艺术馆：曹继桐

目 录 Concent

第三章 可口松软面包

第四章 酥脆香浓饼干

第六章 精致典雅酥饼

第五章 花样繁多派挞

第七章 可爱暖心小点

1

CHAPTER

第一章

学点基础知识

LEARNING

西式点心的制作工艺十分复杂，主要是西式糕点的品种繁多，制作方法也多种多样，同样的产品可以使用不同的制作手法，其结果和质量也不同，主要取决于操作者的个人技能。但主要产品在制作时有一定共性，归纳在一起，供大家参考。

一、蛋糕类

蛋糕是西点中基础的品种，使用量最大，品种也最多。材料以鸡蛋、砂糖、面粉和油脂为主，可以直接食用或当半成品使用，根据选料和加工工艺不同，可分为清蛋糕和油蛋糕两大类。

蛋糕的膨松主要是物理膨松作用的结果。它是通过机械搅拌，使空气充分存在于坯料中，经加热空气膨胀，使坯料体积疏松膨大。蛋糕类用于膨松和充气的材料主要是蛋清和油脂。

清蛋糕也叫海绵蛋糕或蛋糕坯子，主要原料是鸡蛋、砂糖和面粉，经搅拌冲入气体后，烘烤而成的产品，清蛋糕有巧克力、咖啡等口味，质感膨松柔软，可以直接食用或当半成品使用。清蛋糕膨松的主要原料是蛋清。

1.清蛋糕的膨松原理

鸡蛋由蛋清和蛋黄两部分组成，蛋清是黏稠性的胶体，具有起泡性。当蛋液受到急速而连续的搅拌，能使空气冲入蛋液内形成细小的气泡，被均匀地打入蛋白膜内，受热后气体膨胀，凭借胶体物质的韧性使其不至于破裂。蛋糕内气泡膨胀至蛋糕凝固为止，烘烤中的蛋糕体积因此而膨大。蛋清保持气体的最佳状态是在呈现最大体积之前产生的，因此，过分的搅拌会破坏蛋清胶体物质的韧性，持气能力下降。蛋黄不含蛋清中的胶体物质，无法保留住空气，无法打发。蛋黄与砂糖一起搅拌，在黏稠糖液的作用下，可以冲入气体。蛋清与蛋黄混合搅拌也容易搅入气体。

2.清蛋糕的工艺过程

蛋糕糊的搅拌主要是高速打蛋器利用快速的转动，将蛋液、糖等原料搅拌均匀，同时产生大量的气泡，以达到蛋糕糊膨胀的目的。蛋糕的成品质量和原料温度、搅拌速度、搅拌时间、原料配比等有密切的关系。

蛋糕糊的搅拌方法

① 糖、蛋搅拌法

就是同时将鸡蛋和砂糖放入搅拌缸，快速抽打，成为体积膨胀三四倍左右的乳白色稠糊状后，再加入过筛的面粉等原料，调拌均匀的方法。

② 分蛋搅拌法

是将蛋清、蛋黄和砂糖置于两个搅拌缸中，分别打发，当蛋清最后颜色洁白挺拔，蛋黄光亮黏稠时，蛋清和蛋黄调和在一起，逐渐加入已经过筛的面粉等原料，调拌均匀的方法。

③ 全打法

全打法是使用蛋糕油的搅拌方法，就是将鸡蛋、砂糖、面粉、蛋糕油和水一次放入搅拌缸中，快速抽打，至浓稠光亮时即可，是一种方便快捷的新方法，产品品质稳定可靠，而且节约时间。

基本要领

认真选择原料。使用蛋糕专用面粉。鸡蛋要新鲜，因为新鲜鸡蛋的胶体溶液浓度高，能更好地与空气相结合，保持气体的性能较稳定。蛋糕油的使用方法要参照说明书。

单独搅拌蛋清时，使用的工具不能沾油，以防破坏蛋清的胶黏度。

严格控制搅拌的温度，蛋液的温度应该在25℃左右。如果最后需要加入黄油，温度应该控制在40℃以上。

加入面粉后搅拌的时间不宜过长，否则会破坏蛋糊中的气泡，影响蛋糕质量。

清蛋糕坯的成形

清蛋糕坯成形一般都要借助模具，在模具底部或两侧刷油或粘纸。蛋糊注入模具七八成满即可，用塑料刮片将表面刮平，并且震动几下烤盘，排除较大的气泡。

蛋糕的烘烤

烘烤时蛋糕的熟制过程，是蛋糕制作工艺的关键环节。要获得高质量的蛋糕制品，就必须掌握烘烤的工艺要求。蛋糕烘烤是利用烤箱内的热量，通过辐射热、传导热、对流热的作用，使制品成熟。正确设定烤箱温度，准确控制烘烤时间，是高质量产品的保障。

①温度与时间：根据不同的配方和烘焙经验来确定。清蛋糕烘烤温度一般为 180 ～ 200℃，时间约 30 分钟。

②烘烤的基本要求和注意事项：烤箱要清洁，提前设定温度；烤盘疏密合理，位置准确；及时掉转烤盘；冷却后保存。

③正确判断生熟：观察色泽是否达到制品的要求，合格产品应该是外观完整，色泽均匀，表面无塌陷或隆起；触摸时有弹性，感觉硬实，呈固态状；轻拍表面有沙沙声时，表明熟透；用竹签或小刀插入蛋糕中央，拔出后没有粘附面糊。

3. 蛋糕的质量标准

形态：蛋糕制品形态要规范，薄厚均匀，无塌陷和隆起。

色泽：蛋糕制品表面呈棕黄，内部组织呈金黄色，并且均匀一致。

组织：蛋糕坯子不粘连，膨松适度，气孔均匀而有弹性，无杂质和硬块，无淀粉下沉。

口味：蛋糕制品应松软可口，甜度适中，有蛋糕清香味。

卫生：制品内外无杂质、无污染和异味。

4. 常见缺憾和补救

颜色过深

原因：

① 配方中糖量过多。

② 水分少。

③ 烤炉上火温度过高。

④ 烘烤时间过长。

⑤ 膨松剂过量。

补救方法：

① 减少配方中的用糖量。

② 适当加入水分。

③ 降低烤炉上火温度。

④ 正确掌握烘烤时间。

⑤ 减少化学添加剂用量。

体积膨胀不够

原因：

① 搅拌不当。

② 加面粉时搅拌时间过长。

③ 膨松剂的用量不足。

④ 油脂的可塑性不良，融和性不佳。

补救方法：

① 正确掌握搅拌时间和搅拌速度。

② 蛋糊与面粉混合时，搅匀即可。

③ 适当加大膨松剂的用量，不使用失效的膨松剂。

④ 油温要提高到 40℃ 以上。选用可塑

性和融和性好的油脂。

⑤ 烘烤温度过高或过低。　　　　　　⑤ 正确调整烤箱的使用温度。

⑥ 装模具时蛋糊的量不够。　　　　　⑥ 按正确的比例装模。

⑦ 面粉的比例过大。　　　　　　　　⑦ 减少配方中面粉的比例。

⑧ 面粉筋力过强。　　　　　　　　　⑧ 降低面粉的筋力。

⑨ 蛋液的温度过低。　　　　　　　　⑨ 调节蛋液的温度。

表皮太厚

原因：

① 炉温太低，烘烤时间过长。

② 配方中糖分过多或水分不足。

补救方法：

① 提高烤炉温度，缩短烘烤时间。

② 减少配方中的糖分，适当增加水分。

蛋糕在烘烤过程中塌陷

原因：

① 配方中面粉比例小。

② 膨松剂用量过大。

③ 烤炉的温度太低。

④ 烘烤中受到震动。

⑤ 面糊中糖、油用量过多。

⑥ 面粉筋力太低。

补救方法：

① 增加面粉比例。

② 减少膨松剂用量。

③ 提高烤炉温度。

④ 烘烤中避免振动。

⑤ 调整配方中糖、油的用量。

⑥ 增加面粉筋力。

蛋糕表面有斑点

原因：

① 原料搅拌不均匀。

② 砂糖颗粒太粗。

③ 蛋液温度低，糖不易溶化。

④ 烘烤仓太低

补救方法：

① 原料要充分搅拌均匀。

② 膨松剂和面粉一定要过筛后使用。

③ 选用颗粒较细的砂糖。提高蛋液温度。

④ 调整设备。

内部组织粗糙，质地不均匀

原因：

① 搅拌方法不当。

② 部分原料搅拌不均匀。

③ 糖、油、面比例不当。

④ 糖的颗粒太粗。

⑤ 膨松剂用量过大。

⑥ 烤炉温度低。

⑦ 面粉筋力过高。

补救方法：

① 用正确方法搅拌。

② 所有的原料都搅拌均匀。

③ 注意配方的比例平衡。

④ 选用细砂糖。

⑤ 减少膨松剂的用量。

⑥ 提高烤炉温度。

⑦ 减低面粉筋力。

油蛋糕是以油脂为介质，经抽打冲入气体的烘焙产品，是蛋糕制作中的一个主要类别，应用非常广泛，掌握了油蛋糕的制作技术，可以制作出很多与之相关的食品，例如：大理石蛋糕、英式水果蛋糕、松饼等。

1.油蛋糕的膨松原理

制作油蛋糕时，糖、油在进行搅拌过程中，会逐渐变软，当软度和黏度合适时，油糊里会充入大量空气。加入蛋液继续搅拌，油糊中的气泡会随之增多。这些气泡受热膨胀会使蛋糕体积增大，质地松软。为了使油蛋糕糊在搅拌过程中能搅入更多的空气，在选用油脂时注意以下特性。

（1）可塑性：可塑性好的油脂触摸时有粘连感，用手指可以捏成任意形状，这类油脂与其他原料一起搅拌具有持气性。

（2）融和性：融和性好的油脂，搅拌时油糊充气量高，油脂、砂糖和蛋液之间的组织更加融和细密，气泡会随之增多，而且持气性强。融和性和粘性是持气的保证。如果蛋液量加入过多会破坏这种平衡，出现分离现象。直接影响产品质量。

（3）熔点：油脂的硬度和熔点是由碘值决定的。选用熔点较宽的油脂，在常温下软硬合适，渗透性好，是增强油蛋糕糊融和性的前提。

此外，在制作油蛋糕类食品时，产品一般比重较大，有时也加入一些化学膨松剂。如泡打粉和苏打粉等。在烘烤过程中，能产生二氧化碳气体，使产品更加松软。

2.油蛋糕的工艺过程

油蛋糕糊的搅拌主要是高速打蛋器，利用快速的转动，将油脂、糖、等原料搅拌均匀，逐步加入鸡蛋，以达到油蛋糕糊膨胀的目的。油蛋糕的成品质量和原料温度、搅拌速度、搅拌时间、投料方法、原料质量和配比等有密切的关系。

油蛋糕糊的搅拌方法

① 油、糖搅拌法

就是同时将油脂和砂糖放入搅拌缸，快速抽打，使油和砂糖快速融合，冲入气体，同时用木勺或塑料刮扳刮动缸底，当颜色变浅以后，逐渐泻入鸡蛋，完全融和后，油蛋糊变白，体积膨胀三倍左右，一边搅动一边调入已经过筛的面粉等原料的方法。

② 分蛋搅拌法

是将蛋清、蛋黄分离，使用"油、糖搅拌法"打发油脂。在另一个搅拌缸中打发蛋清和砂糖，当蛋清最后颜色洁白挺拔时停止，蛋清和油蛋糊调在一起，逐渐加入已经过筛的面粉和膨松剂等原料，调拌均匀的方法。

基本要领

认真选择原料。使用熔点较宽的油脂、专用面粉。鸡蛋要新鲜，因为新鲜鸡蛋的胶体溶液浓度高，能更好地与空气相结合，保持气体的性能较稳定，是持气的重要材料。

单独搅拌蛋清时，使用的工具不能沾油，以防破坏蛋清的胶黏度。

严格控制搅拌的温度，油脂和蛋液的温度应该在25℃左右。

搅拌的时间不宜过长，否则会破坏蛋糊中的气泡，影响油蛋糕质量。

油蛋糕的成形一般都要借助模具，在模具底部或两侧刷油或粘纸。油蛋糊注入模具七-八成满即可，用塑料刮片将表面刮平，并且震动几下模具，排除较大的气泡。

烘烤是蛋糕的熟制过程，是蛋糕制作工艺的关键环节。正确设定烤箱温度，准确控制烘烤时间，是高质量产品的保障。

① 温度与时间：根据不同的配方和烘焙经验来确定。油蛋糕在烘烤时温度一般为 180℃，时间约 30 分钟。注意面火温度，蛋糕不能离面火太近。

② 烘烤的基本要求和注意事项：烤箱要清洁，提前设定温度；烤盘疏密合理，位置准确；及时掉转烤盘；产品冷却后保存。

③ 正确判断生熟：观察色泽是否达到制品的要求，合格产品应该是外观完整，色泽均匀，表面不塌陷，略有隆起；触摸时感觉硬实，呈固态状；用竹签插入蛋糕中央，拔除后没有粘附面糊。

3.油蛋糕的质量标准

形态：蛋糕制品形态要规范，无塌陷，略隆起。

色泽：蛋糕制品表面呈棕黄，内部组织呈金黄色，并且均匀一致。

组织：不粘连，膨松适度，气孔均匀，无杂质和硬块。

口味：蛋糕制品应松软可口，入口即化，甜度适中，有奶油清香味。

卫生：制品内外无杂质、无污染和异味。

4.常见缺憾和补救

颜色过深

原因：
① 配方中糖量过多。
② 水分少。
③ 烤炉上火温度过高。
④ 烘烤时间过长。
⑤ 膨松剂过量。

补救方法：
① 减少配方中的用糖量。
② 适当加入水分。
③ 降低烤炉上火温度。
④ 正确掌握烘烤时间。
⑤ 减少化学添加剂用量。

体积膨胀不够

原因：

① 搅拌不当。

② 加面粉时搅拌时间过长。

③ 膨松剂的用量不足。

④ 油脂的可塑性不良，融和性不佳。

⑤ 烘烤温度过高或过低。

⑥ 装模时蛋糊的量不够。

⑦ 面粉的比例过大。

⑧ 面粉筋力过强或蛋液的温度过低。

补救方法：

① 正确掌握搅拌时间。

② 油蛋糊与面粉混合时，搅匀即可。

③ 适当加大膨松剂的用量，不使用失效的膨松剂。

④ 选用可塑性和融合性好的油脂。

⑤ 正确调整烤箱的使用温度。

⑥ 按正确的比例装模。

⑦ 减少配方中面粉的比例。

⑧ 降低面粉的筋力。

⑨ 调节蛋液的温度。

表皮太厚

原因：

① 炉温太低，烘烤时间过长。

② 配方中糖分过多或水分不足。

补救方法：

① 提高烤炉温度，缩短烘烤时间。

② 减少配方中的糖分，适当增加水分。

在烘烤过程中塌陷

原因：

① 配方中面粉比例小。

② 膨松剂用量过大。

③ 烤炉的温度太低。

④ 烘烤中受到震动。

⑤ 面糊中糖油用量过多。

⑥ 面粉筋力太低。

补救方法：

① 增加面粉比例。

② 减少膨松剂用量。

③ 提高烤炉温度。

④ 烘烤中避免振动。

⑤ 调整配方中糖油的用量。

⑥ 增加面粉筋力。

蛋糕表面有斑点

原因：

① 原料搅拌不均匀。

② 砂糖颗粒太粗。

③ 蛋液太凉，糖不易溶化。

补救方法：

① 原料要搅拌均匀。

② 膨松剂和面粉一定要过筛后使用。

③ 选用颗粒较细的砂糖。

④ 提高蛋液温度。

组织粗糙，质地不均匀

原因：

① 搅拌方法不当。

② 部分原料搅拌不均匀。

③ 糖、油、面比例不当。

④ 糖的颗粒太粗。

⑤ 膨松剂用量过大。

⑥ 烤炉温度低。

⑦ 面粉筋力过高。

补救方法：

① 用正确方法搅拌。

② 所有的原料都搅拌均匀。

③ 注意配方的比例平衡。

④ 选用细砂糖。

⑤ 减少膨松剂的用量。

⑥ 提高烤炉温度。

⑦ 减低面粉筋力。

其他常见蛋糕以及西点

西点发展到今天已经演变出了成千上万个品种，一些品种做法独特，用分类的方法不能解释，他们属于派生类别，使用复合型原料，类似这样的复合品种，做工非常复杂。但是口味、口感和造型都标新立异，深受欢迎。

（1）"慕斯拿破仑"，在一款蛋糕中使用"起酥类"和"巧克力慕斯类"以及巧克力制品。

（2）"烤奶酪蛋糕"，用清蛋糕做底，注入奶酪糊后低温烘烤。

（3）"面包黄油布丁"，是将面包蘸饱黄油后，加入鸡蛋甜汁烘烤的热甜品。

（4）"薄饼"，是将牛奶面粉、鸡蛋、糖、油等原料调和成面糊，烙成薄饼后卷入馅料，配上其他原料冷食或热食。

（5）"炸香蕉"，是将香蕉去皮后，沾上面糊，在热油中炸熟的甜品。

（6）"圣诞布丁"，圣诞布丁是将所有原料腌制后，蒸熟的产品。

（7）"红酒烩梨"，是将梨去皮后，在红酒中加入调料，经煮制而成的甜品。

（8）"焦糖布丁"，是将牛奶煮开，冲入鸡蛋和砂糖中制成蛋液，然后注入模具中，在模具外面加热水，用低温烤制而成的甜品。

以上品种只是有代表性的列举，品种繁多，但是又不能放入到其他类别当中，它们各自的工艺过程和质量标准都不同，要根据品种分别对待。

泡芙是 PUFF 的译音，也叫气古和哈斗，是将油脂和水同时煮沸后，烫熟面粉，逐渐泻入鸡蛋，搅拌成面糊之后成形和烤制的一种点心。其色泽金黄、干爽，内部绵软适口。泡芙是西点中最普及的一种，有多年的历史和不同的制作方法，一般以半成品的形式出现，使用时必须二次加工。

1.泡芙的起发原理

泡芙的起发原理，主要是面糊中的面粉和特殊的制作方法决定的。主要原料是水或牛奶、油脂、面粉和鸡蛋。油脂是泡芙面糊中的必须原料，油脂既有油溶性又有柔软性，在热的环境中分子非常活跃，当面粉遇热后吸入水分然后糊化和膨胀，同时在油脂分子的包围下成了独立的个体，此时面筋不能形成网络，淀粉在糊化之后具有一定的黏度，起到粘连和骨架作用。

泡芙面糊中需要足够的水分，才能使泡芙面糊在烘烤过程中产生大量的蒸汽，充满正在起发的面糊中央，温度会使面糊外部先熟，并形成一个能持气的外壳，面糊便形成了中空的特点，气古的名称也由此而来。

鸡蛋在面糊中也很重要，在逐渐加入时，它将油性的面团转化成水质面团，鸡蛋中的蛋白质可使面团具有延伸性，面糊受热后蛋白质凝固较快，能快速形成持气的外壳，起到固定的作用。面糊中的蛋黄具有乳化作用，可以亲和油脂和水分，使面糊变的柔软和光华，增加了风味和颜色。

2.泡芙的工艺过程

① 调制泡芙面糊

a.煮油：将水先放入锅中，再放入油脂、精盐、少量奶粉和香精等，并且搅拌均匀。

b.烫面：将面粉过筛，以便去除杂质，使面粉充气松散。当油水煮沸后，先搅动油水转动，然后倒入面粉，快速用木勺搅拌均匀、烫熟。

c.打糊：把油脂的面团放入容器中，将鸡蛋液分次加入到烫透的面团内，每次加入的蛋液必须与面糊搅拌均匀，在加入新的蛋液，当放入的蛋液接近应有的数量时，要注意稠度，根据具体情况决定是否继续加入蛋液。检验面糊稠度的方法可以用木勺将糊挑起，软硬程度要根据制作的品种而定。

② 泡芙的成形

a.准备一个干净的烤盘，刷一层薄薄的油脂，撒少许面粉。

b.将面糊放入挤袋中，挤成所需要的形状，每一个要拉大距离，以免膨胀后拥挤。烘烤前刷上一层蛋液（或者不刷蛋液）。

③ 泡芙的成熟

泡芙的成熟方法一般有两种，一种是烤制成熟，一种是炸制成熟。

a.烤制成熟：当泡芙面糊成形后，刷一层蛋液，立即放入 220℃ 左右的烤炉中进行烘烤。当泡芙胀发后，表面开始干硬时，将炉温降到190℃继续烘烤，直到金黄色，内部成熟为止，出炉后冷却，不能塌陷。

b.炸制成熟：在锅中将油脂加热到七成热。取适量泡芙面糊加入少许调味料，用两个金属勺子蘸上油挖成球状，放入油锅中，慢慢地炸熟，至金黄色时捞出，趁热与果酱拌和，表面撒少许糖粉。或炸熟后直接放到玉桂砂糖中，滚上砂糖，配上香草汁食用。

④ 泡芙的装饰

a.小型的泡芙可以在底部挖一个小孔，将软馅料用小号金属挤嘴打入。并在表面蘸上巧克力，翻砂糖或撒防潮雪粉，也可以将小型泡芙用焦糖粘连在一起，制出造型产品。

b.将长条型泡芙从侧面切开，挤上馅料，盖好上盖，也可以将上盖装饰好之后再盖上。装饰成五颜六色，也叫闪电泡芙。

c.将泡芙面糊挤成直径20cm的圆形，

在内部加入馅料做成蛋糕。

⑤ 操作要领

a.面粉要过筛，以免搅拌不均出现面疙瘩。

b.快速搅拌煮沸的油水，彻底烫熟面粉。

c.少量加入鸡蛋后要观察，待充分融合后再加入鸡蛋。

d.面糊的稠度要合适，不同的品种要使用不同的硬度。

e.烤盘刷油后要撒上薄面。以免烤熟后粘底。

f.成形时所留空间要大。

g.刷蛋液要轻，并且有针对性，有些产品没有必要刷蛋液。

h.烘烤时先使用高温烤炉，定形后降低温度，烘烤期间尽量少打开炉门。

i.炸制泡芙面时油温要低。

3.泡芙的质量标准

形态：形态端正，大小一致，不歪斜。
色泽：表面呈金黄色，色泽均匀一致。
组织：内部组织松软，无生心。
口味：成品外部松香，内部由馅心决定。
卫生：内外无杂质或细菌。

4.常见缺憾和补救

颜色过深

原因：
①鸡蛋用量不足。
②面粉没有烫熟烫透。

补救方法：
①增加鸡蛋的用量。
②一定要烫熟烫透。

③ 烤箱温度太低。

④ 调制面糊时起砂。

⑤ 制品膨胀时跑气。

⑥ 烤制时间不足。

③ 适量提高烤箱的烘烤温度。

④ 鸡蛋要分次加入，每次须搅拌均匀后再加入另外一次。

⑤ 烘烤过程中不要随意打开烤箱门，以防制品膨胀时跑气。

⑥ 按要求掌握时间，制品烤熟上色后方可出炉。

起发不好

原因：

① 鸡蛋用量不足。

② 面粉没有烫熟烫透。

③ 烤箱温度太低。

④ 调制面糊时起砂。

⑤ 制品膨胀时跑气。

⑥ 烤制时间不足。

补救方法：

① 增加鸡蛋的用量。

② 一定要烫熟烫透。

③ 适量提高烤箱的烘烤温度。

④ 鸡蛋要分次加入，每次须搅拌均匀后再加入另外一次。

⑤ 烘烤过程中不要随意打开烤箱门，以防制品膨胀时跑气。

⑥ 按要求掌握时间，制品烤熟上色后方可出炉。

表面颜色太深或太浅，裂纹过多或没有裂纹

原因：

① 烤箱温度过高、过低，烘烤的时间太长或太短。

② 配方中的液体量太多或太少，面糊太稀或太硬。

纠正方法：

① 调整好烤箱的温度，烘烤时间开始在220℃度左右，定形后降低到190℃左右。

② 减少或增加配方中的液体量。

成品易散落，形状不完整

原因：

① 面团的水分不足或过多。

② 油脂选用不当。

③ 烘烤的温度过低。

④ 反复揉搓擀制的面团。

纠正的方法：

① 整好配方的水分比例，使面团软硬适中。

② 选用熔点高、可塑性好的油脂。

③ 提高烤箱的温度。

④ 尽量一次成形，切勿反复使用。

三、饼干类

饼干也叫曲奇，是"COOKY"的译音，是几种原料混合后烤制而成的小块干点，便于运输和长期储存，是茶余饭后的零用食品。饼干的品种繁多，制作方法也不同，其酥松原理因品种差异很大。

物理膨松饼干：物理膨松饼干主要是由原料的特性和特殊操作手法而产成酥脆的饼干。

化学膨松饼干：在制作面团时加入一定比例的化学添加剂，烘烤时在热的作用下，添加剂开始分解，产生水和二氧化碳，从而达到疏松的目的。食品中经常使用化学添加剂的有：碳酸氢钠，俗称小苏打；碳酸氢氨，俗称臭粉；发酵粉，俗称泡打粉或发粉。

化学膨松饼干的膨松原理：化学添加剂在水或牛奶中能够快速溶解，揉和在面团中，损失少量气体，留在面团中的添加剂，在凉爽的环境中，不易发生反应，存在形式比较稳定，当面团受热后添加剂开始发生化学反应，逐渐开始分解，产生水、二氧化碳和氨气等，面团具有一定的黏度和持气性，气泡的张力使点心或面包在气体的作用下会形成均匀致密的多孔组织。

1. 化学膨松饼干的工艺过程

① 制作面团

化学膨松剂呈白色粉末状，返潮后容易结块或失效，使用时必须凉水溶解或用细筛和面粉一起过筛。有化学添加剂的面团，必须控制温度，以免提前发生化学反应，损失气体。制作时及早加入，这样才能均匀地分布在面团中。

② 烘烤

成形后的产品进入烤炉后内部温度达到 30 ℃ 以上后开始分解，烤炉设定 160℃ ~ 220℃ 时比较合适，当温度较低时，产品不容易定形，持气性较差，当温度过高时，产品外部成熟较快，会形成坚硬的外壳，影响产品形态。

2. 化学膨松饼干的质量标准

形态：形态端正，薄厚一致，大小一致，

色泽：表面呈金黄色，色泽均匀一致，无斑点。

组织：组织酥松，无生心，内部组织均匀一致，无颗粒。

口味：酥香可口，甜味适度。

卫生：内外无杂质、杂菌。

3.常见缺憾和补救

变形严重

原因：

① 面团软，面粉少。

② 面筋含量高或太低。

③ 化学添加剂用量超标。

④ 烘烤时间不够。

⑤ 打开炉门次数太多。

⑥ 烘烤时受到震动。

⑦ 烘烤温度不正确。

补救方法：

① 面团软硬适度，配方合理。

② 使用中筋面粉。

③ 经过实验或按说明使用化学添加剂。

④ 增加烘烤时间。

⑤ 尽量少打开炉门。

⑥ 烘烤时避免震动。

⑦ 要根据产品特点，设定炉温。

疏松性差

原因：

① 面粉选用不当。

② 面团搅拌时间过长。

③ 膨松剂用量不足。

④ 面团太硬。

补救方法：

① 使用专用面粉。

② 缩短搅拌时间

③ 加大膨松剂用量。

④ 增加油脂用量。

制品颜色浅

原因：

① 烤炉温度过低；烘烤时间不够。

② 糖含量低。

③ 鸡蛋少。

补救方法：

① 提高烤炉温度；调整烘烤时间。

② 加大糖的投放量。

③ 加大鸡蛋用量。

充气饼干

冲气饼干：用物理的方法将气体打入某种持气原料中，成形时气体已经存在于半成品之中，经过烘干或烘烤后制成松脆的小点心。

1. 充气饼干的膨松原理

在饼干生产中，蛋清、蛋黄、黄油等原料经抽打后都具有持气性，可以分别抽打和混合抽打。混合时尽可能多地使气体保留在混合物中。例如：当高速抽打蛋清时，气泡会被有黏度蛋液包裹，随着气泡的增多蛋液体积增大，颜色变白，加入砂糖或高浓度的糖稀以后，增强了蛋液的浓度和硬度，气泡体积被分割得更加细小，颜色变成洁白，具有很强的硬度和持气性，造型以后，经过烘干或熟制，仍保持原形状。

2. 充气饼干的工艺过程

① 充气

将具有持气性的原料分别或混合放入搅拌器中，先使用中速后改用高速进行抽打，使每种原料最大限度地充入气体，增大体积。最后轻轻将原料混合在一起，保留住气体。

② 造型

选用较大的挤袋、较粗的挤嘴，尽量多装入混合物，挤在刷过油的盘子里或不粘纸上，平稳地放入烤箱中。

③ 烘烤

选用相对较低的炉温，使产品中的水分蒸发。有些产品为金黄色，有些产品为原色。成品是原色的产品炉温要设定的很低。

3. 充气饼干的质量标准

形态：形态端正，大小一致，纹路清晰。
色泽：表面呈白色或金黄色或褐色。
组织：内部组织松脆、不粘牙、不糊芯。
口味：甜、脆、酥、香。
卫生：熟透、内外无杂质。

4.常见缺憾和补救

表面颜色过重，内部发粘

原因:

① 烤炉温度过高。
② 配方不合理。

补救方法:

① 降低烤炉温度，不同品种使用的温度要有针对性。
② 调整配比。

坍塌现象或不饱满

原因:

① 容器不洁净。
② 糖的用量不科学。
③ 抽打的速度不够。
④ 加入糖的方法不正确。
⑤ 烘烤温度过高，时间较短。
⑥ 打开炉门次数太多。
⑦ 定形前受到震动。
⑧ 充气量过大。

补救方法:

① 用洁净的容器。
② 调整糖的配比。
③ 提高抽打速度。
④ 调整加糖方法。
⑤ 降低炉温，延长烘烤时间。
⑥ 定形前不打开炉门。
⑦ 减少震动。
⑧ 减少搅拌。

其他饼干

（1）复合型饼干：即是用两种不同的方法或不同的馅料经特殊手法加工而成。例如：佛罗仑萨杏仁饼干，利用混酥面做底，到八成熟时取出，抹一层杏仁片馅料再烤制而成。

（2）无油脂饼干：在面团中没有油脂，利用鸡蛋和化学膨松剂产气达到膨松的目的。例如：圣诞节的姜饼饼干，巴斯乐饼干。

（3）蛋糊饼干：在面糊中含有鸡蛋、油脂和面粉等，抹成薄饼烤成或煎成干脆薄片。例如：脆皮饼等。

饼干在食品工业中有很多品种，做法多种多样。要根据情况区别对待。

四、巧克力类

巧克力类即是含有一定量可可制品的西点产品。可可制品有可可粉、可可脂、巧克力大板、巧克力酱、巧克力豆等。可可制品作为一种原料，可以制作任何品种的西点制品，使用形式多种多样，下面仅以巧克力块为例加以解释，巧克力块分脱模巧克力和手工巧克力两大类。

1.巧克力的脱模原理

经过调温的巧克力物料仍然是一种不稳定的流体，成形即是巧克力从流体很快地转变成固体，从而使巧克力制品获得生产工艺要求的光泽、香味与质感。

（1）调温：正确的调温是生产巧克力的关键，巧克力物料经过精磨和调温，物料中的固形物已被高度分散于脂肪介质中，在流体状态下融化的脂肪是一种连续的膜状组织，其中一部分已经形成细小的稳定晶体，而分散在相对稳定的质粒之中。

（2）注模：即是将液态的巧克力浇注在定量模型盘内。巧克力物料从液态变为固态，随着温度的降低，使已经形成一定晶型的脂肪按结晶规律排列成晶格，形成致密的组织结构，脂肪的相对密度增加，而体积缩小 2% ~ 2.5%。因此巧克力能顺利地从模具中脱落出来。

2.脱模巧克力的工艺过程

① 调温第一阶段

物料从较高的温度状态进入能生产和形成较稳定晶型的低温状态。在 45℃时热交换最快，随着温度的降低至 30℃左右时脂肪开始形成微小的晶核；巧克力逐渐变浓，变亮。

② 调温第二阶段

在物料中加入少量巧克力块，继续搅拌，继续降温使脂肪结晶大量形成，黏度增大。

③ 调温第三阶段

使流体巧克力温度回升至 30℃左右，使熔点相对较低的晶核融化消失，从而使固化的巧克力品质稳定。

④ 注模

使用环境温度 22℃左右的模具，而且表面必须光洁。注入巧克力后要轻微震动；排除气泡。

⑤ 固化

　　巧克力进入模具后，开始进入固化状态，冷却温度保持在 8~10℃为宜，时间 25~30 分钟。

⑥ 脱模

　　透明模板可以从背面看出有分离的迹象；轻轻敲打脱出巧克力。使用磁盘或不锈钢模板要根据情况，区别对待，不能取出时要延长冷却时间。

3. 巧克力的质量标准

形态：块形端正，边缘整齐，大小均匀，薄厚一致。
色泽：表面光亮，花纹清晰，无花白痕迹 。
组织：剖面紧密，无粗糙感。
口味：巧克力香气。口味甜中略苦，口感细腻滑润。
卫生：无杂菌杂质。

4. 常见缺憾和补救

不易脱模

原因：
① 模具不洁净。
② 巧克力品质不高，可可脂含量低。
③ 搅拌时间不够。
④ 周围环境湿度太高。
⑤ 注模时温度过高。
⑥ 固化时温度太高或过低。

补救办法：
① 使用洁净模具。
② 选用高品质、可可脂含量高的巧克力。
③ 调温时增加搅拌时间。
④ 环境温度在 22℃左右。
⑤ 注模时巧克力温度正确（约 30℃）
⑥ 固化温度应在 8~10℃。

巧克力花白

原因：
① 巧克力中水分含量高。
② 操作环境湿度大，蔗糖吸水结晶。
③ 融化方法不当，巧克力吸入了水分。
④ 脂肪氧化结晶。
⑤ 巧克力储存不当。
⑥ 调温不当。

补救办法：
① 使用密封包装的巧克力。
② 在恒温环境下操作，一般为 22℃。
③ 使用专业干加热融化器，缩短融化时间。
④ 成品要密封。
⑤ 储存温度控制在 10~15℃。
⑥ 要按要求调温。

CHAPTER

第二章

温馨甜蜜蛋糕

CAKE

 # 杯子蛋糕

> 蛋糕的种类，其实有很多种。但是从第二次世界大战之后，为了生产、运输方便，产生了一种新的蛋糕种类，它叫杯子蛋糕。将蛋糕放在杯子里，你可以直接拿着，到任何地方都非常方便，吃起来特别顺手。
>
> 杯子蛋糕制作起来难点是很多的。很多人认为做一款杯子蛋糕，无非就是把蛋糕移植到杯子里罢了，但实际上并不是这样。今天要教您的这款蛋糕，在美剧当中是颇受美女主角欢迎的。您看看美剧，随处可见的就是一个美丽佳人手拿一款非常经典的杯子蛋糕，然后幸福地吃上一口。相信这种幸福如果能在家里传承下来的话，一定是一种不一样的风采。

原料

鸡蛋·····················55g

牛奶·····················67g

砂糖·····················75g

低筋面粉·················130g

香草荚····················1 根

泡打粉····················4g

黄油·····················100g

 制作步骤

1. 烤箱上下火 180℃预热。

2. 将低筋面粉和泡打粉混合过筛。

3. 将黄油软化后加入砂糖搅拌均匀。

4. 黄油打发，分次加入鸡蛋，搅拌均匀。

5. 分次加入牛奶，搅拌足够均匀。

6. 分次加入混合的低筋面粉和泡打粉。

7. 把蛋糕糊装入裱花袋，挤入纸杯。

8. 入烤箱，上下火 180℃烘烤 20 分钟即可。

 # 大理石蛋糕

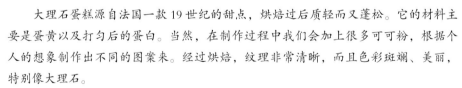

　　大理石蛋糕源自法国一款 19 世纪的甜点，烘焙过后质轻而又蓬松。它的材料主要是蛋黄以及打匀后的蛋白。当然，在制作过程中我们会加上很多可可粉，根据个人的想象制作出不同的图案来。经过烘焙，纹理非常清晰，而且色彩斑斓、美丽，特别像大理石。

　　如果您不想增加体重，只选择吃一块蛋糕，但又纠结到底吃可可口味还是其他口味，这个时候您就应该默默感谢大理石蛋糕的诞生了。可可略带微苦，夹杂着一点点清香的黄油味道，二者结合在一起天衣无缝。再端上一杯绿茶，相信您就可以轻松地度过美妙的下午茶时光了。喜欢这款大理石蛋糕，不仅仅是因为喜欢大理石纹路的随性和美观，更因为喜欢这款蛋糕的口感与味道。

原料

黄油·············· 250g

糖粉·············· 250g

鸡蛋·············· 5 个

低筋面粉········· 210g

可可粉··········· 20g

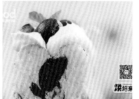

 制作步骤

1. 黄油与糖粉混合均匀，分次加入蛋黄、蛋清搅拌。

2. 面粉分两次加入黄油糊中，由下向上搅拌均匀。

3. 取 1/5 的黄油糊加入可可粉，搅拌均匀后放入挤袋内。

4. 将原色黄油糊抹在模具边缘，将可可黄油糊挤在模具中间。

5. 用原色黄油糊盖住表面，再次搅拌直到形成大理石花纹。

6. 放入烤箱用 180℃的温度烘烤 30 分钟即可。

 烘焙小贴士

蛋黄要分次加入，完全融合后再加蛋清。

核桃布朗尼

布朗尼的名字来自英文 Brownie 的音译。在国外家家户户特别喜欢它，因为布朗尼既有蛋糕那种非常松软的内心，又有饼干那种非常酥脆的外表，吃起来感觉特别舒服，做起来也非常简单。布朗尼味道很有层次感，尤其是当可可的味道和腰果以及各种各样干果的味道混合在一起的时候，它的味道才达到顶峰。在家里，如果朋友来了，您做上一款布朗尼蛋糕，不仅仅可以秀一下您的烘焙技巧，而且还可以大大满足朋友们的口腹之欲。

今天，教您做一款正宗的布朗尼蛋糕。

 原料

黑巧克力⋯⋯⋯⋯ 150g	低筋面粉⋯⋯⋯⋯ 150g
黄油⋯⋯⋯⋯ 175g	砂糖⋯⋯⋯⋯ 200g
鸡蛋⋯⋯⋯⋯ 3 个	盐⋯⋯⋯⋯ 2g
核桃⋯⋯⋯⋯ 175g	

推荐法焙客专业工具

 **制作步骤**

抗粘 / 耐高温 / 耐磨损耐腐蚀 / 抗湿性
韧性高 / 寿命长 / 导热均匀 / 耐腐蚀 / 稳定性好

将黄油和砂糖搅拌均匀并进行打发。

分次加入鸡蛋，搅打至充分融合。

将低筋面粉加入到黄油酱中，搅拌均匀。

加入化开的巧克力酱并快速搅拌均匀。

加入核桃仁继续搅拌均匀。

将布朗尼酱均匀地铺在模具中。

入烤箱，用 180℃的温度烘烤 25 分钟，取出装饰即可。

烘焙小贴士

1. 面糊温度过低的情况下不能直接放入巧克力，否则面糊很容易形成颗粒状。
2. 巧克力酱的温度控制在 35℃左右最佳。

黑森林蛋糕

　　黑森林蛋糕是德国非常有代表性的甜点之一。它巧妙地融合了樱桃的酸、巧克力的苦、奶油的甜，并且还有樱桃酒的那种醇香，营造了一种恋爱的氛围。黑森林蛋糕最早形成于德国南部黑森林地区，当地的农妇将生产过剩的樱桃做成樱桃酱之外，还会在制作糕点的时候加入大量的樱桃，就制成了早期的黑森林蛋糕。不仅如此，在搅拌奶酪奶油的时候也会加上新鲜的樱桃汁，就连做饼坯也会挤上很多的樱桃汁和樱桃酒。这样一款用了大量的樱桃以及巧克力的黑森林蛋糕从黑森林地区传出去之后，就变成了现在我们耳熟能详的黑森林蛋糕了。

原料

奶油：
　　淡奶油…… 250g
　　糖粉……… 50g

樱桃酒水：
　　砂糖……… 50g
　　水………… 100g
　　樱桃酒…… 5g

樱桃酱：
　　黑樱桃…… 200g

砂糖……… 150g
柠檬汁1个柠檬的量
红酸樱桃… 200g
淀粉……… 5g
柠檬皮1个柠檬的
量（切成碎末）

蛋糕坯：
巧克力蛋糕坯3片
（制作方法：在戚风
蛋糕的配方中加入少
许可可粉做成巧克力
戚风蛋糕即可。）

制作步骤

熬制糖水：将砂糖倒入
锅中，加水煮开备用。

制作樱桃酱（1）：把
黑樱桃和红酸樱桃分别
倒入锅中。

制作樱桃酱（2）：在
樱桃中加入砂糖、柠檬
皮和柠檬汁入锅煮开。

制作樱桃酱（3）：加
入淀粉，回锅煮稠。

制作樱桃酒水：将樱桃
酒加入到步骤1的糖水
中。

巧克力蛋糕坯子上面挤
上樱桃奶油，加上樱桃
酱。

上面盖上一层巧克力蛋
糕坯子，蛋糕坯子刷上
一层樱桃酒水，上面再
挤上奶油，加上樱桃酱。

把第三片巧克力蛋糕坯
子盖上，上面刷上樱桃
酒水，放入冰箱冷冻。

把冷冻好的蛋糕脱模装
饰即可。

烘焙小贴士

1. 根据樱桃的酸度添加适量柠檬汁。
2. 加入淀粉后要迅速搅拌然后离火。
3. 樱桃酱可以提前几天做好备用。
4. 奶油中也可以加入一些樱桃酒。

姜汁胡萝卜蛋糕

"

　　制作任何甜点，食材的搭配都很重要。有一些食材是常见的，也有一些食材听起来好像有点匪夷所思，但是搭配起来的味道很完美！今天要教您的这款蛋糕叫作姜汁胡萝卜蛋糕，食材比较特殊。大家都知道姜汁的营养价值非常高，尤其是对女性、体寒的朋友特别有益处。姜的味道有点辛辣，融入到蛋糕当中，这种辛辣就会转变成一种浓浓的姜气。太棒了！同样胡萝卜也是让人非常头疼的，又爱又恨，爱它的营养，恨它的口味。把姜和胡萝卜二者取其精华，融入到蛋糕当中，会是一种什么样的体验呢？曹老师就带来了这样一道经典的姜汁胡萝卜蛋糕。

"

 **原料**

蛋黄	50g		砂糖	200g
蛋白	85g		胡萝卜丝	100g
樱桃酒	10g		杏仁粉	120g
盐	1g		面包糠	25g
蛋糕粉	30g		玉桂粉	5g
泡打粉	5g			
姜汁	25g			

制作步骤

将蛋糕粉和泡打粉混合进行过筛。

过筛的面粉中倒入杏仁粉、面包糠、玉桂粉和盐混合均匀。

将生姜榨汁备用。

将胡萝卜丝切碎备用。

将蛋黄和100克砂糖倒入容器中，搅打至浓稠。

用另一容器，边搅打蛋白边加剩余砂糖，打发至干性发泡。

将蛋白糊和蛋黄糊进行混合，搅拌均匀。

倒入步骤1、2混合好的粉类材料，搅拌均匀。

在胡萝卜里加入樱桃酒和姜汁，倒入蛋糕糊中搅拌均匀。

灌入模具中，入烤箱用170℃的温度烘烤30分钟，出炉装饰即可。

烘焙小贴士

1. 胡萝卜丝切成包子的馅料的感觉最佳。

2. 胡萝卜丝要后放，否则出水太多并且容易染色。

烤奶酪蛋糕

> 奶酪蛋糕根据奶酪的用量分为轻奶酪蛋糕、中奶酪蛋糕以及重奶酪蛋糕。轻奶酪蛋糕顾名思义用的奶酪最少，吃起来口感非常清新、清爽，带一点点的酸头。很多不能吃太重奶酪味道的朋友们选择轻奶酪蛋糕比较好。重奶酪蛋糕则是吃起来口感非常绵密细致，好像用舌头抿一抿就可以把奶酪的味道，丝丝滋润到味蕾。
>
> 奶酪蛋糕在烤制的时候要特别注意，尤其是底部烤制完毕之后会形成一层嘎渣儿。烤的时候经常在底部垫上一层像戚风蛋糕这样的薄薄的蛋糕坯。有的朋友更是喜欢把饼干碾碎，然后和黄油做一层饼干底，烤完之后非常酥脆。这个重乳酪蛋糕有自己独到的口味。今天就教您制作一款烤乳酪蛋糕，它是属于重乳酪蛋糕范畴的。您可以好好品味一下，那种细腻的口感和无法拒绝的美味，会深深吸引你。

 原料

奶油奶酪········ 315g

砂糖············· 75g

淀粉············· 12g

鸡蛋············· 1 个

淡奶油·········· 30g

酸奶············· 45g

牛奶············· 65g

柠檬············· 1/2 个

清蛋糕坯········ 1 片

黑 / 酸樱桃······ 适量

制作步骤

1. 将奶油奶酪隔水加热，使其完全软化。

2. 在处理好的奶酪中，加入砂糖和鸡蛋，搅打均匀后，加入淀粉，继续搅打至完全融合。

3. 加入淡奶油、酸奶、牛奶、柠檬汁，搅拌均匀。

4. 将面糊倒入铺好蛋糕坯的模具中，加入巧克力酱搅开。

5. 放入烤箱160℃隔水蒸烤1个小时。

6. 冷却几小时后用樱桃装饰即可。

 烘焙小贴士

1. 奶油奶酪要完全软化，否则会导致打发的奶酪不充气，影响口感。

2. 淀粉加入到浓稠的面糊中容易调开，而且不会有颗粒。

3. 蛋糕坯上不能加鲜水果，否则容易变酸变质，影响口感。

4. 面糊要轻柔搅拌，保留气体，使烤出来的蛋糕蓬松柔软。

5. 加入少量巧克力酱搅拌开，但纹理要清晰，否则烤出的蛋糕会开裂。

 # 榴莲奶酪蛋糕

> 　　说起榴莲，有人特别喜欢它的味道，但是身边还有一些朋友，对榴莲是望而却步。现在很多女性朋友，特别喜欢它，在家里经常买上一个榴莲，然后嚼在嘴里，品味那种非常独特的、独有的香味。但是光吃鲜果，是不是有点老套，没有新意呢？今天曹大师带来了一种新鲜的做法，让您品味榴莲味道的同时，换一种新鲜的感受方式。那就是榴莲奶酪蛋糕。很多人喜欢榴莲，也有很多人喜欢奶酪，当奶酪遇到榴莲，会发生什么呢？
>
> 　　我们拭目以待……

 **原料**

主料：
鸡蛋·············· 160g
奶油奶酪········ 400g
淡奶油·········· 50g
淀粉·············· 5g
砂糖·············· 100g
热情果果蓉····· 50g
榴莲蓉·········· 100g

辅料：
饼干底·········· 100g
黄油·············· 50g

制作步骤

使用铝箔纸把蛋糕圈包一个底。

把饼干抓碎，加入黄油融合在一起。

把饼干底平铺在蛋糕圈底，压实。

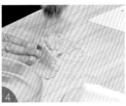
把榴莲蓉切成泥。

隔水化开奶油奶酪，搅拌均匀。

加入砂糖，搅拌均匀。

加入鸡蛋，继续搅拌。

加入淀粉，搅拌均匀。

加入淡奶油，继续搅拌。

加入热情果果蓉，继续搅拌。

加入榴莲蓉，搅拌均匀后倒入蛋糕圈内。

入烤箱用170℃温度烘烤40分钟即可。

欧姆莱特

> 　　一般来说，全球各地不同的甜点包括面包、蛋糕在内，都会有一些非常独特的名字。这个名字一定是有来历的。比如说今天要教您做的这个欧姆莱特也有其独特寓意。欧姆莱特是指像太阳一样的小甜品，比如说煎蛋特别像太阳，就可以称之为欧姆莱特。今天这个欧姆莱特是一款蛋糕，做法也非常简单。但是您可以举一反三，学过了这个之后，您的早餐不仅仅有煎蛋，而且还会有其他欧姆莱特点心。不信的话跟着曹老师开始今天的烘焙旅程。

原料

蛋白⋯⋯⋯⋯⋯ 90g

砂糖⋯⋯⋯⋯⋯ 60g

盐⋯⋯⋯⋯⋯⋯ 0.2g

蛋黄⋯⋯⋯⋯⋯ 90g

砂糖⋯⋯⋯⋯⋯ 8g

蛋糕粉⋯⋯⋯⋯ 60g

柠檬碎⋯⋯⋯⋯ 2g

吉士酱⋯⋯⋯⋯ 100g

时鲜水果⋯⋯⋯ 2g

糖粉⋯⋯⋯⋯⋯ 少许

 **制作步骤**

1. 使用模具在烤纸上画圈，翻面刷油。

2. 把蛋白和盐一起使用厨师机打发。

3. 把蛋黄和砂糖一起使用打蛋器打发。

4. 蛋白中分次加入砂糖，继续打发。

5. 把打发好的蛋黄倒入打发好的蛋白中搅拌。

6. 加入柠檬碎和蛋糕粉，继续搅拌。

7. 把面糊倒入裱花袋中。

8. 把面糊呈螺旋状挤在烤纸上。

9. 入烤箱用上火 220℃ 、下火 210℃烘烤 10 分钟。

10. 将环底弯回半月形，挤入吉士酱，码放时鲜水果，表面筛些糖粉即可。

 # 戚风蛋糕

> 　　戚风蛋糕的前身是海绵蛋糕。它的名字 Chiffon 意思是乔其纱，就是一种非常珍贵的布料。这种布料类似于丝绸，但是却没有丝绸那么难以保养。戚风蛋糕的口感，就像这绵软的布料一般，特别柔和，并且非常弹牙。
>
> 　　好的戚风蛋糕讲究非常多，因为它要将蛋白充分打发。分蛋打发和整蛋打发，成品特色是不一样的。到底怎么吃呢？一般来说，世界各地吃戚风蛋糕，都会加上味道非常浓郁的汁来进行调配，比如巧克力汁，比如咖啡液，比如各种各样的果酱。
>
> 　　我相信一个美好的早晨，
>
> 　　亦或是一个美好的下午，
>
> 　　由此而来……

 **原料**

牛奶············ 95g	色拉油············ 95g
白砂糖·········· 125g	蛋黄············ 105g
低筋面粉········ 100g	盐············ 1g
蛋白············ 225g	
柠檬汁·········· 10g	

制作步骤

1. 把低筋面粉过筛。

2. 将低筋面粉、柠檬汁、盐、25g 砂糖、牛奶、蛋黄、色拉油混合在一起搅拌均匀。

3. 将蛋白快速打发。

4. 在蛋白中多次少量加入100g 白砂糖，继续打发。

5. 将打发好的蛋白和蛋黄糊混合。

6. 倒入模具，八成满即可。

7. 入烤箱，上下火160~165℃烘烤30分钟即可。

推荐法焙客专业工具

食品级铝合金 / 受热均匀 / 传热快
强度高 / 耐腐蚀 / 寿命长

 # 戚风奶酪蛋糕

> 买回来的奶酪，一次用不完，剩下的又不知道该做什么好，这可是很多烘焙爱好者非常烦恼的事情。今天就教给你做一款戚风奶酪蛋糕。戚风奶酪蛋糕和戚风蛋糕的做法其实非常相似，学会了戚风蛋糕，那么做戚风奶酪蛋糕也一定不在话下。相对于戚风蛋糕，戚风奶酪蛋糕吃起来更清爽，但是却不会太清淡，口感非常绵软，又不会过于湿润。蛋糕中透出一丝丝奶酪的清甜与清爽，二者合在一起堪称绝配，给您的味蕾带来非同一般的体验。

原料

奶油奶酪	175g	淀粉	45g
淡奶油	175g	砂糖	200g
牛奶	175g	柠檬汁	20g
蛋黄	55g	盐	2g
蛋白	200g		

 制作步骤

奶油奶酪隔水软化后，依次放入蛋黄、淀粉、柠檬汁、盐搅匀。

搅至无颗粒后，依次加入牛奶和淡奶油，继续搅拌。

打发蛋白时分次加入砂糖，慢速搅打，打至气泡细腻。

将蛋白分三次加入奶酪糊中，搅拌均匀后倒入模具里。

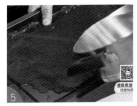

烤箱上下火150℃预热5分钟，另取一个烤盘加入热水。

用水浴法烘烤30分钟即可。

推荐法焙客专业工具

FOR BAKE
法焙客

5档调速／一键加速／多面散热／双棒模式

烘焙小贴士

1. 出炉前升温至170℃使蛋糕表面上色。

2. 先快速搅至中度充气，再改低速搅拌。

3. 所谓水浴法就是将调好的蛋糕糊倒入模具后，将模具放在烤盘上，烤盘中注入1~2cm深的热水，这样在烤的时候，水的温度不会到100℃，可以保证糕体不会被烤得很干很焦，烤箱中湿润，蛋糕的口感柔软好吃。如果用的是活底的模具，要用锡纸包住模具后再注水，否则水会进入到蛋糕糊中。

熔岩巧克力蛋糕

> 熔岩巧克力蛋糕又被称为湿润的巧克力。它外皮香脆，内心浓郁；外在朴实，内在丰腴，非常有内涵。打开之后，浓浓的巧克力浆迸发而出，流淌绵延。吃起来酣畅淋漓。虽说这是一道著名的法国甜点，但是它却源自奥地利。相传一个奥地利的甜点师将没有烤熟的蛋糕从烤箱取出造就了这么一道经典蛋糕。这也告诉我们，在烘焙的领域不要怕犯错，要勇于尝试，说不定一时的错误可以成就一款永恒的美味。

 原料

黑巧克力（浓度57%）
145g

砂糖…………… 35g

鸡蛋………… 120g

黄油………… 110g

低筋面粉……… 30g

柠檬碎………… 5g

 制作步骤

1. 黑巧克力隔水化开。

2. 将鸡蛋加入砂糖，搅打均匀。

3. 依次将黄油、鸡蛋糊、低筋面粉加入热巧克力中搅拌均匀。将巧克力糊灌入纸杯中，烤箱提前预热，上火230℃、下火210℃烤制7分钟左右即可。

4. 趁热脱模，切开即有未凝固的巧克力糊流淌出来。或者冷却后冷冻存放，食用前加热即有同样的效果。

 # 清蛋糕

> 清蛋糕，也叫海绵蛋糕，因为它做出来之后的内在结构特别像海绵，所以得名海绵蛋糕。在国外，又称之为泡沫蛋糕。制作一款优秀的清蛋糕，一定要经过长时间搅打蛋白，打出细小密集的气泡。烤制出来的清蛋糕才会非常蓬松并且香气十足。这款蛋糕是一款典型的低脂肪、高蛋白的营养蛋糕。今天就一起来向曹老师请教如何做这款正宗的清蛋糕。

 **原料**

低筋面粉········ 150g　　　黄油············ 20g

砂糖············ 130g　　　牛奶············ 35g

葡萄糖浆（或蜂蜜）25g

鸡蛋············ 260g

制作步骤

① 将低筋面粉过筛。

② 用油纸将蛋糕圈底包好。

③ 黄油和牛奶混合在一起加热。

④ 将鸡蛋、砂糖、葡萄糖浆混合在一起打发。

⑤ 将低筋面粉加入蛋糊中搅拌均匀。

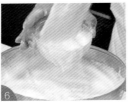

⑥ 加入黄油和牛奶的混合物搅拌均匀。

⑦ 倒入模具，八成满即可。

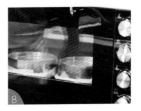

⑧ 入烤箱，用上下火170℃烘烤30分钟。

推荐法焙客专业工具

德国进口不锈钢／刀口锋利／流线型手柄／不易掉渣

瑞士卷蛋糕 /

瑞士卷可是瑞士人非常自豪的一道蛋糕。它属于海绵蛋糕，吃起来口感非常绵软，水分适中。但是它有一个特色，就是可以卷起来吃。瑞士卷中间卷点什么呢？一般来说是卷各种各样的馅料。如果有好吃的草莓酱，夹进去会增加一丝丝的美味。如果说您热爱巧克力酱的话，淋上一丝巧克力酱，就变成另一种口味了。但是无论怎么做，瑞士卷都会给人们带来不一样的口感体验。

今天我和您一起来探讨一下如何制作瑞士卷。

 **原料**

蛋黄	12 个	淀粉	30g
砂糖	150g	色拉油	50g
蛋白	6 个	草莓酱	200g
低筋面粉	120g	杏仁片	100g

制作步骤

1 将蛋黄和 60g 砂糖进行打发。

2 将低筋面粉和淀粉过筛。

3 将蛋白和 90g 砂糖进行打发。

4 将打发好的蛋黄和蛋白混合搅拌均匀。

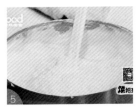

5 分两次加入过筛好的面粉，并充分搅拌均匀。

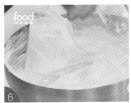

6 将色拉油加入到蛋糕糊中充分搅拌均匀。

7 把蛋糕糊均匀地抹在烤盘中，撒上杏仁片，200~220 ℃烘烤12分钟。

8 将蛋糕坯子取出，放凉待用。

9 蛋糕坯子上均匀地抹上草莓酱，用油纸卷紧，放冰箱冷冻即可。

 烘焙小贴士

1. 打过蛋黄的蛋抽要清洗干净，否则打发其他材料时会消泡。

2. 打蛋白时如果糖的量不够会很容易消泡。

3. 搅拌时蛋白要分次加入到蛋黄中。

4. 烘烤温度高一些口感会更加柔软。

5. 蛋糕坯冷却后要尽快使用，否则容易卷碎。

沙河蛋糕，也叫"沙架、沙贺"蛋糕，是维也纳最著名的蛋糕之一。其特点是巧克力口味浓郁，口感湿润，吃到一口幸福感十足。但是制作版本较多，曹老师的方法很正宗。为得到正宗做法，他曾多次到维也纳现场考察。其实做法不难，主要是正宗。

 # 沙河蛋糕 /

 原料

蛋糕坯：

黄油……………… 95g

糖粉……………… 30g

蛋黄……………… 5 个

黑巧克力（浓度 58%）95g

蛋白……………… 5 个

砂糖……………… 130g

低筋面粉……… 90g

装饰用巧克力酱：

黑巧克力（浓度 58%）200g

淡奶油……………… 170g

辅料：

杏酱……………… 110g

将95g黑巧克力隔水化开。

低筋面粉过筛备用。

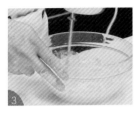

将黄油加入糖粉后打发。

多次少量加入蛋黄继续打发。

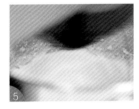

将蛋白分次加入砂糖，打至中性发泡。

奶油加热到沸腾，倒入巧克力。将36℃左右的巧克力酱加入打发的黄油中，搅拌均匀。

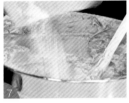

分次加入打发好的蛋白。

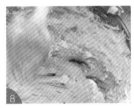

分两次加入低筋面粉，用抄底漩涡式方式搅拌均匀。

蛋糕糊倒入模具中进行烤制，上下火180℃烤40分钟。

将蛋糕坯修整后分层抹上杏酱。

将装饰用巧克力酱抄底搅匀。取少量在蛋糕坯表面涂匀，修理平整，冷却。

然后将剩余的35℃左右的巧克力酱淋在冷却的蛋糕表面装饰。

烘焙小贴士

1. 黄油应选择常温下的质感松软便于打发。
2. 多次少量加入鸡蛋，便于和黄油更好地融合。
3. 打发蛋白时须多次少量加入糖，便于融合打发。

 # 提拉米苏

"

很多年轻人是被提拉米苏引入到甜点世界的。我们到意式餐厅消遣，点一杯咖啡，配一个小小的甜点，经常会选择提拉米苏。它一直都是我们甜点生活中不可或缺的重要角色。

真正优质的提拉米苏吃起来一定要具备独特的特点。你一口吃下去，会尝到咖啡的微苦、奶酪的顺滑、可可粉的绵密，当然也少不了一点点酒的甘洌。让你在品尝了甘甜味道之后，略带微醺的感觉。生活不就是需要这样多姿多彩的味道吗？今天曹老师就教您制作这款非常经典的、似乎人人都会点的提拉米苏。

"

 **原料**

蛋黄⋯⋯⋯⋯ 4个	蛋白⋯⋯⋯⋯ 4个	蛋糕坯⋯⋯⋯ 1片
砂糖⋯⋯⋯⋯ 30g	砂糖⋯⋯⋯⋯ 35g	手指饼干⋯⋯ 适量
马斯卡布尼奶酪 250g	朗姆酒⋯⋯⋯ 25g	咖啡糖水⋯⋯ 适量
淡奶油⋯⋯⋯ 100g	吉利丁片⋯⋯ 2片	可可粉（装饰用）适量

 制作步骤

1. 打发淡奶油并放入冰箱冷藏。

2. 将马斯卡布尼奶酪打发，并放入冰箱中冷藏。

3. 将吉利丁片放入冰水中泡软。

4. 将蛋白和砂糖倒入盆中，隔水边加热边打发至干性发泡。

5. 换蛋抽打发至完全成熟盛出备用。

6. 将蛋黄和砂糖放入盆中，隔水边加热边打发。

7. 将蛋白和蛋黄混合，加入吉利丁片搅拌均匀。

8. 将淡奶油和马斯卡布尼奶酪混合搅拌均匀。

9. 将奶油奶酪混合物加入鸡蛋糊中，加入朗姆酒搅拌均匀。

10. 调好的糊灌入模具中。

11. 加入浸满咖啡水的手指饼干。

12. 用可可粉装饰，冷藏后取出即可。

 烘焙小贴士

1. 动物性淡奶油打发速度不能太快，否则容易分离。

2. 做的产品量不同，放入吉利丁片的量也要随之变化。

3. 咖啡糖水调配方法：将糖水加速溶咖啡，按个人喜欢的比例调配均匀即可。也可以根据个人喜好添加适量的朗姆酒。

4. 乳制品容易化开，若放入温度高的鸡蛋糊中会影响口感。

天使蛋糕卷

> 今天教您制作的这款蛋糕，我特别喜欢，因为它有一个非常华丽而又纯洁的名字——天使蛋糕卷。天使蛋糕卷是19世纪从美国开始流行的。因为这款蛋糕的原材料只有蛋清，而且不含有任何的油脂，所以洁白剔透，吃起来非常清爽。它让人感到像天使般朦胧，天使般纯洁。
>
> 很多朋友在吃早餐的时候会拿餐刀将其分成小块，配着汤吃。当然了，还可以按照今天教给您的这个卷的方法，卷上您喜欢的各种各样的馅料，加上新鲜的水果，也是不错的选择。到底天使蛋糕卷还会有什么样的魔力迸发出来呢？今天曹老师就要化身一个可爱的小天使，来教给大家制作这款天使蛋糕卷。

原料

蛋白…………… 96g

挞挞粉………… 2g

砂糖…………… 64g

低筋面粉……… 38g

精盐…………… 1g

杏仁片………… 50g

淡奶油………… 250g

吉利丁片……… 5g

新鲜草莓……… 200g

烘焙小贴士

1. 淡奶油要打到最黏稠，否则太稀不容易卷成形。

2. 吉利丁片要先用凉水泡软，再隔热水化开。

 制作步骤

1. 将挞挞粉、砂糖、精盐混合，边打发蛋白边加混合好的材料，打发至干性发泡。

2. 打发好的蛋白中加入低筋面粉，搅拌均匀。

3. 烤盘垫上油纸，将蛋糕糊均匀地抹在烤盘上，表面均匀地撒上杏仁片。

4. 入烤箱200℃以上，烘烤15分钟左右。

5. 淡奶油打到最黏稠，吉利丁片用水泡软备用。

6. 在案板上铺上油纸，撒些许糖，放上蛋糕坯，去掉油纸。

7. 淡奶油中加入吉利丁片搅拌均匀，然后均匀地抹在蛋糕坯上，摆放些新鲜草莓卷起。

8. 用油纸包裹好放冰箱冷冻30分钟，取出切片即可。

英式水果蛋糕

> 越来越多的朋友在制作烘焙产品的时候喜欢充分释放自己的想象力。比如会添加很多的水果，或者是添加很多不同色彩的食材等等。其实都无关紧要。您可以任意地发挥，烘焙就是这么简单，这么随意。但是有一款蛋糕叫英式水果蛋糕。这一款蛋糕天生就带有足够多的水果粒。而且这款蛋糕特别经久耐放。都说酒是陈的香，姜是老的辣。这些理念拿到英式水果蛋糕中，也是通用的。在英国当地很有可能一对夫妇在生第一个孩子的时候制作了这么一份水果蛋糕，一直把它保存到生第五个孩子，庆贺时品尝的还是第一份水果蛋糕，就是这么神奇。它有它的故事，你有你味蕾的享受。今天曹老师教您如何制作这款非常正宗的英式水果蛋糕。

黄油············· 300g

蛋糕粉············ 150g

鸡蛋············· 270g

朗姆酒············ 10g

泡打粉············ 6g

砂糖············· 180g

杂果丁（提前腌制）400g

制作步骤

1. 将蛋糕粉、泡打粉过筛。

2. 模具上刷上一层黄油。

3. 将黄油、砂糖倒入容器中，逐渐加入鸡蛋，打发均匀。

4. 黄油酱中依次加入蛋糕粉、朗姆酒、杂果丁搅拌均匀。

5. 将蛋糕糊灌入裱花袋，挤到模具中并震动均匀。

6. 入烤箱，上下火 180℃烘烤 30 分钟即可。

烘焙小贴士

1. 杂果丁需要提前用朗姆酒腌制。

2. 打发过度会使其蛋糕没有密度，表皮塌陷。

菠萝蛋糕

菠萝蛋糕是磅蛋糕的一种，在奶油的浓香之上加入了菠萝，蛋糕会更加湿润。果香混合奶香令人陶醉，纯朴的外表更具诱惑，在下午茶甜品中一直倍受青睐。使用大气的模具造型，简单易学，一次成功。

 **原料**

主料：
黄油·········· 375g
蛋黄·········· 7 个
低筋面粉····· 250g
柠檬青········ 1 个

蛋白·········· 7 个
砂糖·········· 250g
泡打粉········ 4g
樱桃酒········ 40g
菠萝片········ 250g
菠萝丁········ 200g

装饰用原料：
杏桃啫喱····· 50g
淡奶油······· 150g
糖粉········· 适量
巧克力片····· 适量

制作步骤

将黄油倒入缸中，分次加入蛋黄搅打均匀。

蛋白倒入容器中，分次加入砂糖，打发至干性发泡。

将蛋白分 3 次加入到黄油糊中，搅拌均匀，即成蛋糕糊。

将低筋面粉和泡打粉混合均匀过筛，分两次倒入到蛋糕糊中搅拌均匀。

蛋糕糊中依次加入樱桃酒、新鲜菠萝丁、柠檬青，充分搅拌均匀。

模具中刷上黄油，垫上油纸，再刷上一层黄油均匀地蘸上面粉，平铺上菠萝片，将蛋糕糊灌入模具至八成满。

入烤箱，180℃烘烤35分钟即可出炉。

根据个人喜好进行装饰，并撒上些许糖粉即可。

 烘焙小贴士

1. 菠萝片先烤一下，不要太湿，否则会影响口感。

2. 根据个人口味，可以选择其他的新鲜水果来制作这款蛋糕。

3. 黄油要提前化开，否则质地太硬会使操作较为费力。

4. 杏桃啫喱要放入锅中加水煮开，然后刷到蛋糕表面。

翻糖蛋糕

翻糖蛋糕，是一种源自英国的艺术类蛋糕。近些年来，相信玩朋友圈的朋友能够看到各种各样的蛋糕，其中最漂亮、艺术感最强的，一定是翻糖蛋糕。翻糖蛋糕有自己非常独特的魅力和特点。翻糖可以捏出各种形状来，它的颜色也五花八门。它可以让你的幻想变成现实，让你把对美好事物的期待，体现在小小的蛋糕上。那么话又说回来了，翻糖蛋糕的制作过程，是不是有一些大家不太了解的细节和妙方呢？今天曹老师带着他的翻糖手艺，亲手教给大家制作这款非常经典，而且喜闻乐见的翻糖蛋糕。

原料

翻糖面：

糖粉…………… 1000g

葡萄糖浆……… 100g

白油…………… 100g

鱼胶…………… 100g

柠檬汁………… 15g

重油蛋糕……… 1 个

黄油酱：

黄油…………… 500g

糖粉…………… 80g

推荐法焙客
专业工具

FOR BAKE
法焙客

6寸　　　6寸

材质轻 / 受热均匀 / 传热快

强度高 / 耐腐蚀 / 寿命长

烘焙小贴士

制作步骤

1. 白油、葡萄糖浆、柠檬汁、鱼胶隔水化开。

2. 离火搅拌至果冻状。

3. 和糖粉拌匀，反复揉搓至面团光滑。

4. 糖粉和黄油一起混合均匀，即成黄油酱。

5. 在蛋糕表面涂抹上黄油酱。

6. 将翻糖面团擀开，测好尺寸和厚度。

7. 将面皮包在蛋糕表面，不能出现皱褶。

8. 表面做装饰即可。

1. 白油：洁白细腻，是植物氢化油，市场上常见。

2. 温度直接影响操作，直接影响糖面的品质。

 # 歌剧院蛋糕 /

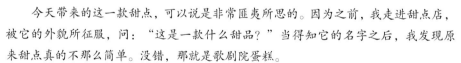

今天带来的这一款甜点，可以说是非常匪夷所思的。因为之前，我走进甜点店，被它的外貌所征服，问："这是一款什么甜品？"当得知它的名字之后，我发现原来甜点真的不那么简单。没错，那就是歌剧院蛋糕。

歌剧院听起来充满了艺术气息。当真正地了解了这款甜点之后，你才会发现，称之为歌剧院一点儿都不为过，因为这款歌剧院用到了各种各样的新鲜用料。你会吃到坚果的味道，你会尝到咖啡的香气，你会品到一点点酒的烈感。就像是这个名字一样——歌剧院，余音绕梁，然后在你的味蕾上荡起涟漪。一句话形容，那就是一曲阳春白雪。

天涯何处觅知音？

今天咱们的知音曹老师来了，教给我们如何制作这款非常经典的歌剧院蛋糕。

原料

蛋糕坯：

杏仁粉…………… 90g

鸡蛋…………… 100g

蛋白…………… 100g

面粉…………… 100g

砂糖…………… 20g

蛋黄…………… 3 个

意大利奶油霜：

砂糖…………… 175g

蛋白…………… 120g

黄油…………… 250g

水…………… 25g

咖啡水：

砂糖…………… 50g

水…………… 100g

咖啡粉…………… 10g

巧克力酱：

黑巧克力………… 100g

淡奶油…………… 100g

制作步骤

将室温软化的黄油打发至乳白色。

将蛋白打发，分次加入100g 砂糖，继续搅打。

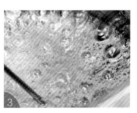

将 75g 砂糖和水混合，加热至 116℃。

将糖水缓慢注入打发的蛋白中，继续打发。

将打发的蛋白分多次与黄油混合搅拌即成意大利奶油霜。

将面粉、杏仁粉混合过筛。

将鸡蛋、蛋黄混合打发至糊状。

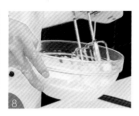

将蛋白打发后逐步加入砂糖，打发至干性发泡。

将打发的蛋白加入到全蛋液中混合均匀。

将面粉混合物分3次加入到蛋液中，"之"字形搅拌均匀。

烤盘中铺上不粘垫，倒入蛋糕糊，抹平。

烤箱预热上下火180℃烤制12分钟，即成蛋糕坯，取出备用。

将糖和水混合煮至沸腾浇入咖啡粉中，即成咖啡水。

将淡奶油隔水加热，倒入黑巧克力中自然化开，即成巧克力酱。

将烤制完成的蛋糕坯自然冷却。

将冷却好的蛋糕坯切成大小一致的方形。

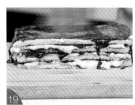

将一层蛋糕皮涂上咖啡水，再涂上一层意大利奶油霜。

均匀地涂上一层巧克力酱，再盖上一层蛋糕坯，如此重复3次。

轻微震动一下，表面一层要抹平，冷冻定形后再修整装饰即可。

3

CHAPTER

第三章

可口松软面包

BREAD

贝古面包

> 我们不仅要教给大家做那种家喻户晓的面包、蛋糕、饼干等甜点，还要教给大家制作各种上档次的产品。比如说曹老师这次准备的这个单品，叫贝古，就很上档次。它的外形看起来跟甜甜圈特别像，也是这么一个圈。但是口感跟甜甜圈截然不同，做法也不一样。现在全国能够做出专业贝古面包的店，少之又少。今天曹老师真的是下了血本了，教给大家亲自制作这款专业级别的贝古面包。

学点发酵知识

什么是酵母？酵母是一种天然的、有生命的、会呼吸的真菌。因此，酵母在国家标准中属于食品，而非食品添加剂。

原料

主料：

高筋面包粉······ 750g

玉米糖浆······· 40g

（可用蜂蜜代替）

砂糖·········· 25g

老面·········· 75g

干酵母········· 3.5g

盐··········· 8g

冰水·········· 400g

口味原料：

干洋葱········· 100g

黑裸麦········· 100g

全麦粉········· 100g

芝麻·········· 50g

装饰原料：

白芝麻　适量

菜籽　　适量

奶酪丝　适量

 **制作步骤**

① 搅拌机内加入高筋面包粉、玉米糖浆、砂糖、老面、干酵母以及冰水混合搅打。

② 低速搅打两分钟，转中速搅打，加入盐继续搅打。

③ 将面团分割为3份，分别加入干洋葱、黑裸麦、全麦粉以及芝麻，加入少许水搅打至成形。

④ 面团盖上保鲜膜发酵1个小时。

⑤ 将面团分割为每个80g左右的小面团，盖上保鲜膜进行醒发。

⑥ 将小面团整理成形。

⑦ 把成形面团放入冰柜，低温发酵1小时。

⑧ 沸水中放入适量盐，将成形的面团放入水中煮60~90秒，水温以95℃为宜。

⑨ 捞出依次撒上白芝麻、菜籽和奶酪丝，入烤箱200℃烘烤25分钟。

 烘焙小贴士

1. 加入玉米糖浆可有助于面包着色及香味挥发。

2. 做面包要根据面粉的不同选择加入适合的水量。

3. 用水煮一下后再烤会使面包弹力、味道更佳。

4. 将贝古面包整理成形时，若没有把握将面团粘在一起，可以刷点水。

菠萝包

起初听到菠萝包这三个字的时候，我就想到，这个面包跟菠萝有什么关系。吃到之后，我才发现原来是因为这个菠萝包在烤完之后表面上会有一些龟裂，特别像菠萝凤梨的那种纹理——它就得了这么一个好名字。菠萝包三个地方都好吃。第一是面包本身；其次中间裹的那个面嘟嘟的馅料；还有一个是小朋友最爱吃的，表面上那层焦焦脆脆的皮。一个好的面包应该从头到尾是经典。今天曹老师就带来了他的曹式技艺教给朋友们制作这款香甜可口、全身是宝的菠萝包。

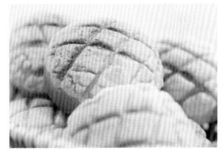

原料

甜面团：

面包粉	225g
砂糖	25g
鸡蛋	25g
奶粉	10g
干酵母	3g
黄油	15g
精盐	2.5g
清水	115g

馅料：

砂糖	45g
黄油	12g
无糖奶粉	75g
朗姆酒	2.5g
蔓越莓	25g
（提前用水浸泡）	

菠萝皮：

糖粉	60g
黄油	50g
低筋面粉	75g
蛋液	15g
盐	1g
香草香精	0.25g

制作步骤

制作甜面团

将面包粉、黄油、鸡蛋、奶粉、砂糖、干酵母、水倒入容器中，搅打均匀。

加入精盐，继续搅打。

将面团取出，盖上保鲜膜，醒发40分钟左右。

将醒发好的面团平分为每个40g左右的小面团。

将分好的面团，放入烤盘中，盖上保鲜膜，醒发半个小时。

制作馅料

黄油捣软，加入砂糖、无糖奶粉、朗姆酒、蔓越莓搅拌均匀，备用。

将馅料均分为每个20g的小团。

制作菠萝皮

将黄油和糖粉搅拌均匀。

加入低筋面粉、香草香精、蛋液和盐，搅拌均匀。

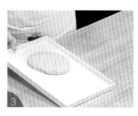

揉成面团，放入冰箱中冷冻15分钟左右。

将面团擀制成薄皮，用模具改成圆形。

成形和烤制

将甜面团拍一下，包上馅料，表面刷点水，盖上菠萝皮，用模具刻形。

入烤箱，180℃烘烤20分钟即可。

学点发酵知识

什么是发酵？发酵是酵母在面团中进行无氧呼吸，将糖转化为二氧化碳和酒精并使面团膨胀的过程。发酵产生的酒精会在高温烘烤下挥发到空气中，发酵也会产生多种有机物，如琥珀酸、甘油醇等，这些物质共同形成了诱人的芬芳气味。

烘焙小贴士

1. 将面团原料用手搅拌至上劲，再换机器，先慢速后中速搅打共7分钟左右。
2. 菠萝皮为辅助产品，擀制越薄越好。
3. 将菠萝皮冷冻一下以便于更快成形。
4. 烘烤菠萝皮，刷上蛋液会更加有光泽。

多纳圈

说起面包来，很多人会想到，那一定是烘烤的制品。其实在众多品类中，有这么一款是不用烘烤的产品，那就是甜甜圈，又叫多纳圈。

甜甜圈是一款非常独特的面包。它不是烘烤而是制作完之后放到油中炸一炸。炸至里外熟透、表面金黄，火候才最好。很多朋友说，甜甜圈一定要有非常可爱的外形。今天曹老师会教给大家一些非常时尚的搭配方法，让您不仅仅可以做出好吃的圈，更重要的是它看起来也像礼物一样给人惊喜。还等什么，赶紧进入今天的甜甜圈时刻。

 原料

水…………… 400g　　鸡蛋………… 200g

面包粉……… 1000g　　黄油………… 200g

奶粉………… 40g　　香草香精…… 2g

砂糖………… 80g　　酵母………… 15g

柠檬青……… 少许　　精盐………… 10g

注：柠檬青即从柠檬表面擦下的细末。

 制作步骤

将面包粉、鸡蛋、奶粉、砂糖、黄油、酵母、香草香精和水搅拌成团。

加入精盐，继续搅拌。

加入柠檬青，继续搅拌。

面团醒发30分钟。

面团分割成每个50g的小面团。

面团二次醒发30分钟。

松弛面团。

把面团做成环形。

低温醒发1小时。

入油锅，油温170℃左右炸制多纳圈至表面金黄即可。

 学点发酵知识

温度对酵母发酵有什么影响？在0~4℃的环境中，酵母会处于休眠状态，不会进行呼吸；10℃时，酵母开始苏醒；20~40℃时，酵母处于活跃期，进行多种生命活动，并发酵产生大量气体；55~60℃，酵母开始死亡。

佛卡恰

佛卡恰，是"foccacia"的音译。近几年，这种面包在意大利很盛行，并很快得到全球面包爱好者的认可。制作佛卡恰是很随意和任性的，有多种版本。这种面包的外焦里嫩，味道可口。好吃是硬道理，相信你一定会喜欢。

原料

主料：
面包粉…………… 250g
水………………… 150g
酵母……………… 4g

辅料：
迷迭香…………… 1g

帕玛森干乳酪… 15g
无核黑橄榄…… 10g
海盐……………… 2g
色拉油………… 15g
圣女果………… 50g

 制作步骤

将面包粉、水、酵母混合，慢速搅打均匀。

面团搅打成形后加入橄榄油，快速搅打5分钟。

快速搅打8分钟加入精盐，搅打均匀。

将无核黑橄榄、圣女果切片备用。

将面反复摔打几次揉成团。

将方形的烤盘均匀涂上橄榄油。

将面团平铺在模具底部醒发60分钟。

用手指打孔将气体放掉再醒发20分钟。

将发酵好的面团表面刷上水，撒上迷迭香。

均匀摆上圣女果、黑橄榄，撒上干奶酪、海盐。入烤箱，设定上下火200℃烤制25分钟。面包出炉后表面刷上一层厚厚的橄榄油即可。

 学点发酵知识

酵母在什么温度下发酵产生气体最快？38℃。通常入烤炉前的最后一次发酵在38℃上下进行。这是为了使面包快速膨胀起来。

 烘焙小贴士

后刷橄榄油可以将面包内的水封住。

汉堡面包

> 汉堡被称为西方的五大快餐食品之一。它的名字 Hamburger 来自德国的汉堡市。这种古老又经典的传统快餐到现在经过两百多年的演变和发展，已经由原本的由牛肉碎和面加在一起制成的肉饼，变成现在我们看到的，各种各样的肉饼夹在一切为二的汉堡面包中的状态。
>
> 许多人都认为最重要的一定是中间的肉饼，其实肉饼固然重要，但是您往往会忽视更为重要的一点，那就是汉堡面包的重要性。一个好的汉堡面包可以帮助肉饼更好地展现它的香味，让它的香味达到极致。而且在欧美制作汉堡面包，已经成为职业面包师考试中必考的项目之一。这其中汉堡面包的大小、水量、柔软度，就连表面上撒的白芝麻的数量，都是烘焙大师们关注的焦点。所以说看似简单的汉堡面包，要做好可是大有学问的。今天，我们就一起制作这款经典又好吃的汉堡面包。

原料

高筋面粉………	500g	酵母…………	15g
盐…………	8g	糖…………	50g
鸡蛋…………	30g	黄油…………	50g
水…………	140g	牛奶…………	140g
白芝麻………	适量		

注：汉堡面饼的制作多以牛肉为主，配少量洋葱、精盐和胡椒粉调味。

 **制作步骤**

将高筋面粉、酵母、黄油、鸡蛋、糖、牛奶、水低速搅拌。

搅拌3分钟后加盐，改中速5分钟，然后改高速，继续搅拌1分钟。

取出面团，揉好后用保鲜膜盖好，25℃下醒发30分钟。

面团进行分割称重，制成每个80g的小面团。

面团分割完后排气，揉制成形，进行二次发酵。

二次发酵后再次排气，充分揉制，压扁，蘸芝麻。

再次压扁降低面团高度后，27℃室温下醒发30分钟。

烤箱提前5分钟预热，上下火180℃烤制25分钟。

呈金黄色取出即可。

学点发酵知识

酵母在什么温度下发酵产生的香气最纯正？28℃。通常一次发酵在28℃上下进行，也称为低温发酵，其目的主要是为了使面包拥有浓郁的发酵香气。

核桃红酒面包

烘焙对于一些人而言是有难度的，难度也是分等级的。如果你还处于菜鸟级别的话，那么今天教做的这款核桃红酒面包，您大可以放手试一试。这款面包吃起来有那种酥酥脆脆的外皮，里面充满了你意想不到的粗粮的香气。当然了不可或缺的就是核桃和红酒。这完美的搭档在其中迸发出新的想象力。这款面包到底该怎么做呢？有哪些细节需要去注意呢？朋友们瞪大眼，竖起耳朵来，曹老师马上出现！

学点发酵知识 酵母中含有哪些营养物质？酵母细胞的干物质中，有 40%~60% 是蛋白质，35%~45% 是糖类物质，4%~6% 是脂质，5%~7.5% 是矿物质。

 **原料**

面包粉	300g	核桃仁	120g
麸皮	75g	裸麦粉	75g
盐	9g	蜂蜜	23g
水	290g	蔓越莓干	120g
红酒	45g	酵母	8g

1 将蔓越莓干和红酒倒入容器中，搅拌均匀，表面盖上核桃仁，浸泡一段时间。

2 将面包粉、麸皮、裸麦粉倒入容器中搅拌均匀。

3 加入水、酵母、蜂蜜搅拌成面团。

4 将面团放入机器中慢速搅打。

5 加入盐和浸泡好的核桃干、蔓越莓干，继续慢速搅打至面团成形。

6 取出面团揉均匀后，盖上保鲜膜，先低温发酵1小时。

7 将面团进行排气，再次盖上保鲜膜，低温发酵1小时。

8 将面团分割成3份，每份330g左右，稍微揉一下，松弛40分钟左右。

9 将面团进行造型，盖上保鲜膜，在常温下或醒发柜中进行醒发。

10 表面进行装饰，并用小刀划口。

11 入烤箱230℃左右烘烤35分钟即可。

烘焙小贴士

1.核桃仁不能太大，要提前切碎，否则会影响口感。

2.加入蜂蜜的好处：可使面包内部组织细腻而且口感更加柔软。

3.慢速搅打面团可使做出的面包的味道更好。

4.不能使用中高速搅打的原因：会使面团温度升高，严重影响面包风味。

5.若面团发过了会导致味道变酸，或没有爆裂感。

6.不要将气全部排干，要轻轻排气，否则会影响面包口感。

7.醒发柜醒发设定：温度28℃左右，湿度85%。

黑裸麦面包

说起做面包来，很多朋友认为做面包一定有非常多的步骤，而且每一个细节都要严格把控，认为做面包都很难。其实不然，有很多的面包品类，做起来一样可以非常简单，非常省时，我们称之为快速面包。今天教给您做的这个叫黑裸麦面包，它就是一种快速面包。在德国的烘焙制作中黑裸麦经常作为粗粮加入到细粮当中，增加成品的营养。但是当我们真正把黑裸麦作为主料来做这么一款面包的时，你才会突然发现原来粗粮可以变得这么优秀。粗粮不仅仅有营养，口味也毫不逊色于细粮。今天我们就要改变一下大家对传统面包的认知，感受一款纯欧式的黑裸麦面包的风味。曹老师准备好了，马上跟着他操练起来。

原料

酵母……………	5g	精盐…………	9g
奶粉…………	20g	裸麦老面………	75g
烘焙杂粮………	50g	标准粉…………	375g
裸麦粉…………	200g	水……………	400g

注：裸麦生长在纬度较高的地方，营养价值很高，色泽为金黄色。

 制作步骤

把裸麦粉、标准粉、烘焙杂粮、奶粉、裸麦老面混合在一起。

把酵母和水混合在一起。

把酵母水倒入混合粉中，搅拌均匀。

用湿毛巾盖上面团发酵15分钟。

取出发酵后的面团，加入精盐。

面团二次醒发30分钟。

将麻布蘸上干面，铺在容器内。

将面团第三次揉好后放置于容器内。

将发酵后的面团取出划十字口。

入烤箱，180℃烘烤35分钟即可。

学点发酵知识

酵母与老面有什么区别？酵母是一种真菌，菌种较纯，食用酵母制作面包品质更加稳定；老面菌种复杂，发酵风味独特，但受到地域及气候影响，其中的菌群容易发生变化，会造成面包品质不稳定。

辫子面包

> 中国的饮食文化，博大精深。我们可以说一道好菜，让人垂涎欲滴；可以说一道好肉，让人食指大动。但其实一个好的面包一样可以征服你的味蕾。今天要教给您的这款面包就有这样的特色。它叫辫子面包。起初看到辫子面包的时候，我会想这个给姑娘编辫子的技艺，竟然还能够用在面包制作上，简直太神奇了。面包和辫子融为一体的时刻，那才真正是焕发生机。当这款重油面包出现在餐桌上，无论你搭配什么，相信只吃一口便为之倾倒。还等什么，进入今天的辫子面包时刻。

学点发酵知识

酵母如何繁衍后代？酵母菌吸收氧气，摄取糖分，从而维持生命并通过细胞分裂进行繁殖。

 **原料**

老面团：

面包粉············ 200g

水················ 100g

老面·············· 25g

酵母·············· 2g

牛奶·············· 30g

盐················ 3g

主面团：

面包粉············ 200g

黄油·············· 80g

鸡蛋·············· 50g

酵母·············· 2g

牛奶·············· 10g

糖················ 40g

盐················ 2g

冰水·············· 40g

制作步骤

1 使用厨师机，把面包粉、老面、牛奶、水和酵母一起搅拌。

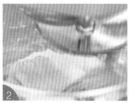

2 搅拌 3 分钟之后，加入 3g 盐，继续搅拌。

3 老面团发酵 2~3 小时。

4 把老面团、面包粉、糖、牛奶、酵母、冰水和鸡蛋一起慢速搅拌。

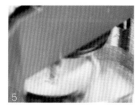

5 加入黄油，继续搅拌，加入 2g 精盐，拌匀。

6 整理面团，醒发 40 分钟。

7 分割面团，一股辫子 80g，共 5 股。

8 继续分割面团，一股辫子 70g，共 4 股。

9 面团松弛 20 分钟后，编成辫子。

10 醒发 30 分钟。

11 入烤箱，上下火 180℃ 烘烤 25 分钟即可。

农夫面包

德国人非常喜欢吃面包，而且德国的面包都非常知名。当然了德国人吃面包，特别喜欢大快朵颐。非常厚重的面包片，再加上一点培根、香肠、火腿……哇，一顿美餐就解决了！德国人的面包当中，一定少不了各式各样的粗粮，比如说裸麦、燕麦等等。他们希望通过吃面包，可以获取更多的营养。今天，曹老师要教您做一款新式的面包。这款面包名字叫农夫面包。听名字是不是就特别返璞归真、纯天然呢？还等什么，来跟着曹老师一起制作这款农夫面包吧。

 **原料**

面包粉……………	350g	酵母……………	10g
裸麦粉……………	100g	水……………	340g
老面……………	75g	盐……………	10g
全麦粉…………	50g		

制作步骤

1 把全麦粉、裸麦粉、面包粉、酵母和老面一起搅拌均匀。

2 倒入水，继续搅拌。

3 使用厨师机低速慢搅。

4 加入盐，继续搅拌至面团成形。

5 把面团揉一下，发酵45分钟。

6 面团排一下气，继续松弛15分钟。

7 面团一分为二，再次发酵。

8 整形发酵15分钟。

9 入烤箱，上火230℃、下火210~220℃，烘烤35分钟即可。

学点发酵知识

酵母的食物是什么？酵母的食物主要是糖类，目前培育酵母主要应用的是蔗糖和甜菜糖。

起酥面包

> 　　起酥的牛角面包，是一款非常考验制作者水准的面包。因为它风靡于欧洲，在每个人吃起牛角面包的时候，都会有一种独特的感觉，或者说每个人制作的牛角面包，都会有自己独特的性格在里面。牛角面包的形状，可以很大，也可以很小，当然也可以加入巧克力，或者是其他的馅料。总之，你能想到的，在牛角面包上，都可以充分发挥。当然了，不能忘记，牛角面包最难得的，就是它千层的口感和酥酥的外皮。到底怎样做一款非常优秀的牛角面包呢？今天曹老师给你支招！

学点发酵知识

　　酵母的分类有哪些？液态酵母、块状鲜酵母、非块状鲜酵母、冷冻酵母、活性干酵母、即发干酵母。

原料

面团：

面包粉········· 500g

水············· 270g

酵母·········· 10g

老面·········· 50g

奶粉·········· 20g

黄油·········· 50g

鸡蛋·········· 50g

砂糖·········· 55g

盐············ 10g

辅料：

黄油·········· 280g

面包粉········· 30g

装饰：

蛋液·········· 适量

 制作步骤

把面包粉、老面、奶粉、酵母、鸡蛋、砂糖和水一起拌匀。

加入黄油，继续搅打。

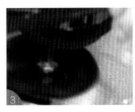

加盐，继续搅打面团。

整理面团，冷藏醒发1小时。

将面团擀至两倍大小。将辅料混合制成黄油片包在面团内。

把包好的面团擀开，然后三折。

冷冻，再三折，共3次。

面团擀薄厚3毫米左右的薄片。

裁成等腰三角形。

从等腰三角形的底边开始卷起来造型。

发酵90分钟。

面包表面刷上蛋液。

入烤箱，上下火190℃烘烤30分钟即可。

全麦面包

我认为粗粮面包的典型代表一定就是这款全麦面包。因为全麦就是一整颗的小麦粒，其中包括麦麸、面粉，还有最有营养的小麦胚芽。虽然说成品口感比起精粮制品来稍微差了一点点，但是它的营养全面了很多。当我们身体处于一个代谢不是特别快的状态之下，或者说平时大鱼大肉吃的非常多的情况时，就需要一点有机的、健康的、营养的粗粮面包来帮我们调理一下。今天我们就一起走上这条全麦面包的健康之路，让您在家里就可以制作并且品尝到它。

全麦粉…………… 250g 面包粉…………… 500g

凉水…………… 485g 啤酒…………… 90g

酵母…………… 15g 精盐…………… 10g

白油…………… 15g 小麦碎…………… 60g

制作步骤

1 将啤酒与小麦碎混合浸泡 1 小时。

2 将面包粉、全麦粉、酵母混合均匀，放入打面缸，放入提前泡好的小麦碎。

3 面缸中加入凉水慢速搅打 5 分钟后转中速搅打 2 分钟左右。

4 待面团不粘打面缸时放入白油，搅匀后放入盐，直至搅打至用手可以拉出膜。

5 将面团放在撒有薄面的案板上，稍整理成表面光滑的面团，盖好，醒发 50 分钟以上。

6 将面团分割成 3 份并揉成表面光滑的面团，盖上保鲜膜，常温醒发 40 分钟。

7 将醒发好的面团成形，盖上保鲜膜防止干皮，常温下醒发 30 分钟左右。

8 将醒发好的面团表面进行装饰，筛上面粉，并进行划刀口处理。

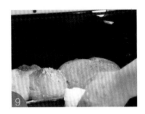

9 入烤箱，上下火 230℃ 烘烤 35 分钟，烤至表面金黄即可出炉。

 学点发酵知识
最适合发酵的酸碱度是多少？面团的 PH 值在 4~6 之间最适合发酵，即略微偏酸性的环境。

 烘焙小贴士
面包中加一点白油可以起到保鲜的作用。

软欧面包

在欧洲，有一种面包叫欧包，口感非常原始，用料也是非常讲究，吃起来很健康。你要用你的味蕾去品味它，来感受到它的美好。但是对于很多特别喜欢甜口面包的爱好者而言，可能对这种口味不是特别接受。于是，为了适应市场的需求，就出来了一种新的品种叫软欧。把传统的欧式面包进行了改良之后，让我们可以尝到那种甜甜的口味、软软的馅心。我们可以做好一个基底，然后加入各种各样的食材。比如说有很多朋友愿意在软欧中加入坚果，有的喜欢加咖啡、巧克力、可可，还有喜欢加蔓越莓以及一些水果丁等等。这些，都没有关系。最重要的你得学会制作软欧面包。今天曹老师肩负重任，就来传授你软欧面包的正确做法。

老面：
面包粉⋯⋯⋯200g
水⋯⋯⋯⋯⋯200g
酵母⋯⋯⋯⋯2g

烫面：
面包粉⋯⋯⋯50g
水⋯⋯⋯⋯⋯100g

主面团：
面包粉⋯⋯⋯200g

砂糖⋯⋯⋯⋯30g
蜂蜜⋯⋯⋯⋯10g
水⋯⋯⋯⋯⋯60g
酵母⋯⋯⋯⋯4g
精盐⋯⋯⋯⋯5g

辅料：
麦麸⋯⋯⋯⋯50g
核桃仁⋯⋯⋯50g
蔓越莓⋯⋯⋯100g

奶酪丝⋯⋯⋯适量
可可粉⋯⋯⋯适量
巧克力豆⋯⋯适量

 制作步骤

◣ 制作老面

面包粉和酵母倒入容器中加水搅匀。

盖上保鲜膜放入保鲜柜中，隔夜醒发12个小时以上。

◣ 制作烫面

在容器中加水烧开，放入面包粉搅熟。

将烫好的面团盛出，摊开晾凉备用。

制作面包

1 将面包粉、老面、烫面、砂糖、蜂蜜、酵母和水倒入容器中搅打均匀。

2 慢速搅打2分钟转中速搅打。

3 加入精盐继续搅打。

4 将面团分割为3份。

5 将核桃仁、麦麸、蔓越莓、奶酪丝、可可粉和巧克力豆分别揉进面团中。

6 将加入辅料的面团盖上保鲜膜醒发1小时。

7 将面团进行排气,翻面,继续醒发半个小时。

8 将面团成形,盖上保鲜膜常温醒发40分钟以上。

9 面包进行划刀造型,入烤箱200℃烘烤25~30分钟即可。

学点发酵知识

哪些因素会影响发酵?温度、PH值、渗透压、时间。

烘焙小贴士

1. 面包面团使用冰水可以使其慢发酵,口味更佳。
2. 面包口味发酸的原因:(1)在常温下隔夜发酵老面;(2)老面醒发过度了。
3. 麦麸用水泡一下,否则太干燥不容易融入面团中。
4. 面团搅打中期要提高速度,否则面团与搅面钩不容易分离。
5. 根据用料多少灵活掌握和面时间,面团温度不能太高。
6. 面团的醒发体积为原来大小的2倍最佳,体积太大会影响口感。
7. 欧式面包醒发到八成半左右,效果最佳。
8. 巧克力口味的软欧面包,入烤箱之前可刷一点水。

除黄油和精盐外，将其他原料全部倒入搅拌缸中，先用慢速搅拌 5 分钟。

然后换中速搅拌，分次加入黄油，搅拌至黄油被完全吸收。

加入精盐，然后换高速搅打 1 分钟。

取出面团整理一下，包上保鲜膜，放在冰箱中冷冻 30 分钟，使用前解冻。

黄油和高筋面粉混合均匀即成夹心黄油，包上保鲜膜，冷冻 30 分钟，使用前解冻。

夹心黄油解冻至温度接近面团温度时，包油。

先折 4 折，再折 4 折，折叠两遍，每遍冷冻松弛 20 分钟。

将面团擀开至 5 毫米厚，切成皮带条状卷起，盘起来造型。

放入模具中慢慢醒发到八成饱满后烘烤。也可以先刷蛋液再烘烤。

入烤箱，上下火 190℃烘烤 30 分钟即可。

学点发酵知识

加入酵母时需注意哪些问题？尽可能避免酵母与盐或糖直接接触。

吐司面包

曾经有人问爱因斯坦，世界上最伟大的发明是什么。他毫不犹豫地回答，是面包。方形的面包切成片，再经过烤制，那就是吐司了。吐司可以说是面包的基本款了，吐司名字来自英语 toast 的音译。相传它的名字来自于法国王室公主，由此可见吐司的地位非常非常尊贵。吐司可以搭配变化万千的食材，也可以做成很多小吃。比如说刚刚烤制出来的吐司，中间夹上冰冷的奶油，奶油一点一点化开渗透到吐司中，这时候再来一抹果酱，就是港式茶餐厅中经常见到的食品了。如果您的早餐没有着落，没有问题，您可以切上两片吐司，再切一点生菜，配上一个煎蛋，加一块火腿，一顿丰富美味的早餐便可以解决了。现在面包市场非常丰富，大家选择的时候经常眼花缭乱。那咱们就不如回归到面包的本质，再去好好做一次这个既单纯又意义深长的吐司。

 原料

高筋面粉………	500g	鸡蛋……………	50g
酵母…………	10g	黄油…………	40g
盐……………	8g	水……………	270g
糖……………	30g		

制作步骤

将面粉、酵母、糖、鸡蛋、黄油、水、盐放入厨师机拌7分钟至出现手膜。

面团揉制成形后从厨师机取出，进行第一次醒发。时间为45分钟。

第一次醒发后分割成形，就进入第二次醒发阶段。醒发时间为30分钟。

第二次醒发后整理排出气体，装入吐司盒中醒发至九分满。

烤箱预热后放入面团，上下火180℃烤制，如果是在开盖容器中烤需要35分钟，在带盖容器内需要烤45分钟。

学点发酵知识

家庭烘焙中酵母的添加量是多少？如使用干酵母，重量为面粉重量的 0.5%~1%；使用鲜酵母，重量为面粉重量的 1.5%~3%。

英式发酵松饼

> 说起松饼，很多小伙伴一定特别喜欢。因为松饼可以和多种食材搭配。松饼是分很多类别的，今天教您制作的是一款英式的发酵松饼。顾名思义，这是一款在英国进行改良的松饼，用了发酵的方法。它一定会带有独特的发酵香气。这个松饼制作出来外形到底是什么样子呢？它的用料又会加入什么不一样的内容呢？或者说在吃法上曹老师有没有一些新的指导呢？今天进入到我们的松饼时刻。

原料

黄油	100g	砂糖	10g
鸡蛋	100g	牛奶	600g
酵母	30g	面包粉	1200g
温水	200g	盐	3g
玉米面适量（用于薄面）			

 制作步骤

将面包粉、酵母、鸡蛋、温水、牛奶、砂糖倒入容器中，搅打成面团。

加入黄油和盐搅打均匀。

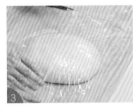

取出面团，盖上保鲜膜，松弛50分钟。

将面团进行分割滚圆，盖上保鲜膜松弛半个小时。

烤盘撒上玉米面，将面团压扁，用模具整形，醒发到一定的厚度。

入烤箱，上火230℃、下火250℃烘烤一段时间进行翻面，烤至表面金黄即可。

 学点发酵知识

发酵可以为面包带来哪些好处？产生气孔，使面包蓬松，增加面包体积；扩展面筋；丰富面包风味；增强面包营养价值。

 烘焙小贴士

1. 做质密紧凑的面包时，面团搅打时间要短一些。
2. 烤制前要在烤箱中放上耐高温的陶瓷板，将其加热。
3. 松饼的正确吃法为产品从中间切开，加上馅料做成三明治。

玉米面包

今天教给大家来做的这款面包叫 corn bread，玉米面包。在南美，它是人们非常钟爱的一款粗粮面包。它的组织非常粗糙，吃起来玉米香气十足。全球各地喜爱粗粮的人对玉米的钟爱，那是首屈一指的。因为玉米能降血脂、降血压，又能减肥、美容。很多年轻的女性，就把玉米面包作为自己的健康餐来吃了。那么今天呢，曹老师就要手把手地教给您制作这一款非常经典的美国人最爱的玉米面包。

 **原料**

玉米面··········· 500g	面包粉··········· 500g
凉水··········· 700g	白油··········· 50g
砂糖··········· 10g	精盐··········· 12g
酵母··········· 10g	

制作步骤

将玉米面、凉水倒入容器中搅拌均匀。

将面包粉、砂糖、酵母、做好的玉米糊倒入打面缸中低速搅打成面团。依次加入白油、精盐，继续搅打均匀。

将面团取出，整理成表面光滑的面团，盖好保鲜膜，第一次常温醒发30分钟。

将面团分割成3份，稍微排气整理，盖上保鲜膜，第二次常温醒发90分钟。

将面团进行成形并盖上保鲜膜，进行第三次常温醒发20分钟。

面团表面进行装饰，筛面粉，划口，入烤箱上下火200℃烘烤35分钟。

学点发酵知识

酵母的储存环境？未开封的干酵母存放于20℃以下的干燥环境即可；开封后的酵母封口后，置于0~4℃的冷藏柜内，可保存1~2周。

烘焙小贴士

1. 面团的温度控制在22℃左右为最佳。
2. 面包的制作周期在5个小时以上，味道会更好。

菠菜奶酪面包

蔬菜和面包的搭配我们并不陌生。那么在一款面包当中既加入蔬菜，又加入一些奶酪的话，他们两者之间会不会碰撞出激情的火花呢？其实吃这种健康的面包，就像我们人生的选择一样平日一点一滴的积累，才能够带来健康。

试想一下面包发酵的过程当中，充分地吸收了菠菜的清新气味，同时又不乏奶酪的那股浓香酸甜的感觉，最后的成品一定很让人动心。相信这样一款优质的面包，应该是早餐的首选了。

 原料

面包粉………… 700 克

牛奶…………… 250 克

砂糖…………… 30 克

水……………… 100 克

乐斯福干酵母… 15 克

鸡蛋…………… 2 个

黄油…………… 50 克

精盐…………… 10 克

菠菜泥………… 100 克

车达奶酪……… 200 克

帕玛森奶酪粉（装饰）适量

橄榄油………… 适量

 制作步骤

1. 水中加少量盐烧开，放入菠菜焯水，待菠菜变软后捞出放凉备用。
2. 将面包粉、砂糖、鸡蛋、酵母、牛奶、水混合，低速搅拌至面团初步成形后，加入黄油和盐。
3. 面团搅打时将放凉的菠菜搅打成泥。
4. 将搅拌好的菠菜泥和奶酪碎分次加入到面团中，逐渐搅打成面糊。
5. 模具底部撒奶酪粉，放入 350 克面糊，表面撒奶酪粉后压实表面刷橄榄油，发酵至九成满。
6. 面团发酵至九成满。烤箱提前预热，上下火180℃烤制 30 分钟即可。

 学点发酵知识

储存酵母需注意什么？避免阳光直射，避免高温环境。

蜂巢面包

今天要教给大家制作的这一款面包，听名字，您就能猜到它的内部构造是什么样子的——蜂巢面包。顾名思义，把面包横截面切一下展示出来，你会发现密密麻麻、大小各异的蜂巢状气孔呈现在眼前——最好的蜂巢面包内部构造一定是这个样子的。当你用心切开这厚薄一致而且层次分明的蜂巢面包的时候，那蜂巢的甜蜜就流露出来。仿佛你在用刀割新鲜的蜂巢，看着蜂蜜静静地流淌。那甜甜入心、丝丝入扣的感觉，才是这款烘焙作品的最高意境。今天曹老师会把一款他认为非常适合蜂巢面包的酱料加入其中。准备好了吗？来接受蜂巢面包的考验！

学点发酵知识

如何使用酵母发酵更快？向面粉中加入酵母之前，用32℃左右的温水浸泡约10分钟，使酵母更快苏醒。

原料

面团：
牛奶…………205g
面包粉………330g
砂糖…………45g
酵母…………5g
黄油…………60g

精盐…………2g
橙子青………1个

表面料：
黄油…………100g
蜂蜜…………15g
砂糖…………10g

杏仁片………70g
柠檬汁………3g
麦芽糖浆……5g

夹心：
卡仕达酱……80g
淡奶油………80g

制作步骤

制作表面料

① 将黄油和砂糖放在一起加热至均匀化开。

② 放入蜂蜜和麦芽糖浆，搅拌均匀。

放入柠檬汁和杏仁片，
搅拌均匀。

稍晾凉至浓稠即可。

制作夹心

将卡仕达酱与打发好的
淡奶油充分搅匀。

制作面包

将面包粉、黄油、砂糖、
酵母、牛奶混合均匀。

放入打面缸，用慢速搅
打成团。

换中速搅打5分钟左
右。

搅匀后放入盐，最后放
橙子青。

将打好的面团第一次醒
发松弛30分钟。

将发好的面团根据需要
分成合适的小面团。

将分好的面团平压在刷
过油的模具中。

放入模具，醒发至原来
的两倍大。

将醒发好的面包涂抹上
表面料。

入烤箱，上下火200℃
烤25分钟。

冷却后片开加馅料，均
匀抹开即可。

东方花生巧克力面包

 原料

面包粉……………	500g
老面……………	100g
花生碎…………	140g
冰水……………	315g
耐烤巧克力豆…	140g
精盐……………	8g
酵母……………	5g

这是来自一款西方的创意面包。花生和巧克力巧妙结合，而这产生的味道非同凡响，制作也非常简单。留意你身边的食材，就有新品诞生，丰富你的生活。

制作步骤

将面包粉、老面、酵母和冰水放入搅拌机，搅拌4分钟后，面团逐渐光滑，然后改到中速。

加入精盐、花生碎和耐烤巧克力豆搅拌均匀。

首次醒发60分钟，然后分块造型，继续醒发60分钟。

成形，醒发30分钟。

入烤箱，上下火200℃烘烤30分钟即可。

 学点发酵知识

糖在酵母发酵中有什么作用？ 1.作为酵母发酵的原料； 2.通过渗透压影响酵母发酵。

东方椰子大枣面包

面包品种非常丰富，可以说是五花八门。你要说它是欧洲的吧，其实并不完全是。东方的很多元素，在面包制作中也被广泛应用。大枣，在东方非常常见，不过我们可能应用的更多的是枣泥，或者说包粽子用一些大枣，很少有人用大枣去做面包。其实大枣肉经过整理，是可以放到面包里的。今天我就要在面包制作中应用到大枣，将它和椰蓉放在一起来应用。味道如何呢？我们一起品尝一下。

原料

全麦粉……………	120g	裸麦粉…………	120g
冰水……………	400g	椰蓉…………	52g
蜂蜜……………	30g	面包粉…………	260g
酵母……………	10g	砂糖…………	17g
黄油……………	35g	精盐…………	10g
大枣肉…………	250g		

制作步骤

1 将面包粉、裸麦粉、全麦粉、酵母和冰水放入搅拌缸中，先手工搅拌一下，然后上机器低速搅拌。

2 当面团光滑时，加入精盐。此时面团相对较软。

3 面团取出后，用塑料膜包好，常温醒发60分钟，体积大约增加一倍。

4 醒发的时候，做馅料。在容器中先加入砂糖和黄油搅拌，再加入蜂蜜和椰蓉，搅拌均匀后备用。

5 将面团倒在案板上，用手指压开成大约30×50厘米的长方形。

6 先加馅料，均匀撒开，把大枣肉切成小颗粒，撒在馅料上，从外向内卷起。

7 收口严实，滚圆造型，呈现枣核形状，放入烤盘，常温醒发60分钟。

8 面包表面撒适量面粉，切口。入烤箱，上火200℃、下火190℃烘烤30分钟即可。

 学点发酵知识

出现什么情况象征着发酵已完成？不同的面包有所不同，一般情况下，主面团的体积变为发酵前的面团体积的2-2.5倍时发酵即完成。

南美甜玉米面包

> 五谷杂粮都可以用来制作面包。今天我们就用甜玉米——新鲜的、罐装的均可，和葡萄干结合，做一款面包。这款面包的制作方法，是非常轻松的一种方法——使用家用面包机来制作这款产品！

学点发酵知识

如何控制面团温度？影响面团温度的三大因素：面粉温度、室温、水温；其中任何一个因素发生变化，另外两个因素也要做出相应调整。

原料

面包粉	250g	葡萄干	140g
黄油	50g	砂糖	50g
老面	100g	精盐	6g
冰水	110g	酵母	5g
玉米	100g		

制作步骤

1. 打开面包机，取出面包桶，确认装好搅拌桨。
2. 先倒入冰水，然后加入干性材料，在最上面加入其他原料。
3. 盖好面包机的盖子，设定面包模式，烧色选中档，时间设定为3小时25分钟。面包机自动操作即可。

瑞士南瓜面包

南瓜和土豆一样，不仅是食材，也是人类的朋友。在很多次饥荒中，它们都是帮助人们度过难关的功臣，南瓜甜品、南瓜面包都倍受青睐。南瓜面包色如黄金、味道芬芳，又非常健康。在健康主题中又有鲜艳的色彩，非常吸引人。多吃南瓜面包吧，吃出美味，吃出健康。

冰水……………… 235g

南瓜蓉………… 100g

面包粉………… 360g

裸麦粉………… 140g

烤好的南瓜子… 35g

老面……………… 95g

芝麻……………… 12g

黄油……………… 37g

精盐……………… 8g

酵母……………… 7g

制作步骤

1. 将老面、裸麦粉、南瓜蓉、酵母、面包粉和冰水放入容器搅拌，先低速搅拌 3~4 分钟，然后中速搅拌 2 分钟。

2. 面团光滑后，分次加入黄油。

3. 加入芝麻、精盐和南瓜子，面团呈微黄色。

4. 面团出缸后，进行摔打和滚圆，用塑料膜包好，醒发 60 分钟。

5. 将面团分割后整形，用保鲜膜包好继续醒发 45 分钟。

6. 成形时，把大面团揉圆，在中间压坑。小面团揉圆后放在大面团里面，压一下。

7. 入烤箱，上火 190℃、下火 180℃烘烤 30 分钟即可。

学点发酵知识

做面包有哪些必不可少的原料？面粉、酵母、水、盐。

德国黑裸麦酸面包

> 黑酸裸麦面包，又黑、又酸，它不像我们说的那种白面包。在欧洲一些国家，面包分类很有特点。像德国的分类就是白面包、黑面包、起酥类面包，再加一个其他面包例如风味面包，基本上四个分类就把所有面包全概括了。那么黑面包是怎么回事呢？面团里边加了很多裸麦粉、全麦粉，色泽比较暗淡，就做成了黑面。这类面包营养丰富，偏酸口的比较多。酸口面包有什么益处呢？第一，便于消化和吸收；第二，大面包做成酸口味，可以长时间储存。做一个大的黑酸面包，食用一个月甚至两三个月，都是没有问题的。这类面包中的酸性物质，对面筋的降解是很强的，所以这类的面包，基本上放到案板上都会下塌，这款德国黑酸裸麦面包也是如此。另外，它的表皮看起来很有龟裂感，让人感觉很有食欲。

 原料

种面团：

水……………… 120 克

酵母………… 5 克

全麦粉……… 140 克

主面团：

水……………… 260 克

酵母………… 3 克

裸麦粉……… 320

盐……………… 6 克

 制作步骤

1. 种面的制作：将全麦粉、水、酵母充分搅拌成面团，常温醒发 8 小时。

2. 将水、裸麦粉、酵母依次倒入发酵好的种面团中，初步搅拌后加盐拌匀。

3. 面团倒入厨师机内，中速搅拌 7 分钟左右，面团仍然很湿润时加手粉取出。

4. 烤盘撒底粉，将面团整形后放入烤盘，在面团表面撒大量面粉，充分发酵。

5. 烤箱预热，入面包上下火 200℃烤制 35 分钟，使面包中的水分含量降低即可。

 学点发酵知识

搓圆面团时的手法、力度都会影响面包的内部组织。

意大利葱香面包

> 做面包是简单、快乐的事情。我们有些朋友把制作面包想得很复杂，认为需要置办很多的东西，而且要准备很长的时间。其实做面包没有那么复杂。很多面包配料也很简单，只要有酵母、面粉、糖、盐、蛋、油就可以了。今天我们做的面包，就是在面团里加上了洋葱还有夏威夷果。这个简单的搭配就形成了一款很有特色的面包。

如何判断酵母的发酵能力？好的酵母发酵能力强、发酵速度稳定、发酵风味自然浓郁。

原料

橄榄油··············	10g	老面 ··········	75g
清水··············	365g	面包粉 ········	500g
酵母··············	7g	海盐 ··········	3g
夏威夷果碎·····	55g	洋葱碎 ········	95g
精盐··············	10g		

制作步骤

锅中倒入橄榄油，加热后放入洋葱碎，用小火将其煎至焦煳备用。

将面包粉、老面、清水和酵母倒入打面缸中搅拌均匀，慢速搅打 4~5 分钟后转中速搅打 2 分钟。

加入精盐、部分夏威夷果碎和煎制好的洋葱碎，搅打至面团成形。

取出面团，揉打成形，盖上保鲜膜防止干皮，第一次醒发 1 个小时。

将面团分割成每个 70 克的小面团并滚圆，盖上保鲜膜，防止干皮，松弛 15 分钟。

将面团进行造型，盖上保鲜膜，防止干皮，醒发 45 分钟。

将面团进行划口，入烤箱，上火 190℃、下火 180℃烘烤，喷点水，烤 15 分钟左右。

出炉，表面刷上橄榄油，撒上海盐和剩余夏威夷果碎即可。

烘焙小贴士

1. 夏威夷果提前切碎备用。
2. 需根据面包的大小调整烘烤时间。

意式面包棍

在国内面包都是作为正餐来吃的，所以可以加上火腿、香肠，还有各种各样的肉食。其实在国外，不仅仅会吃正餐用的面包，在休闲的时候、吃零食的时候也会选择一些小品类面包来吃，其中最有名的就是意式的面包棍。在正餐中，也许不太被注意，但是当你喝下午茶的时候，当你不在正餐时间想吃点东西的时候，却永远都忘不了它。曹老师讲，正宗的意式面包棍吃起来一定是酥脆的，今天我们就教给大家制作这款小点。

原料

主料：
面包粉·············· 330g
橄榄油·············· 30g
酵母·············· 3g
水·············· 150g
精盐·············· 5g

辅料：
黑芝麻·············· 30g
白芝麻·············· 30g
牛奶·············· 50g
奶酪粉·············· 适量
蒜香粉·············· 适量

 制作步骤

1 将面包粉、酵母、水倒入打面缸，慢速搅打5分钟。

2 加入橄榄油，转中速搅打一段时间取出，用手辅助揉一下面团，然后继续搅打成团。

3 加入精盐，继续搅打5分钟直至面团成形。

4 取出面团，揉打滚圆，盖上保鲜膜防止干皮，放入保鲜柜中冷藏1小时。

5 面团整理成形后擀开，切成条并揉成圆形长条，压在烤盘上，醒发3小时左右。

6 将醒发好的面包棍根据个人喜好用辅料进行装饰，入烤箱，180℃烘烤15分钟以上即可。

 学点发酵知识

　　酵母对面包组织有什么影响？酵母发酵所产生的气体被面筋包裹，从而形成了气孔。因此，酵母发酵的速度和产气量直接影响面包内气孔的分布和大小。

 烘焙小贴士

　　面团敲打的原因是为了让面团松弛一下。

杂粮杂果面包

" 现在人们对营养健康要求是越来越高了，其中有一部分就体现在饮食习惯上。杂粮杂果面包深受中老年人，还有爱美的年轻人士的喜爱，原因也在此。这些面包在制作的过程中会加入一些小麦面粉之外的杂粮、干果，发酵和制作的细节会产生巨大的改变。掌握好这些细节，是你做好一款杂粮杂果面包的关键。今天曹老师将教给您秘籍，教您在家制作一款合格的、优秀的杂粮杂果面包。"

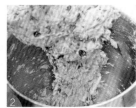

原料

面包粉	250 克
裸麦粉	125 克
干酵母	10 克
原味酸奶	50 克
水	375 克
干果（瓜子仁等）	63 克
麦片	25 克
提子	13 克
橙皮干	13 克
杏干	13 克
菠萝干	13 克
精盐	8 克
马苏里拉奶酪	50 克
红椒粉	2 克
杂粮粉	100 克

制作步骤

1. 将面包粉、裸麦粉、杂粮粉、酵母、麦片混合均匀，放入水、酸奶，慢速搅拌。
2. 面团初步成形后改中速，依次放入精盐、果脯、干果，继续搅打均匀。
3. 将面团取出整理成表面光滑的面团，盖好防止干皮，第一次醒发 1 小时左右。
4. 面团第一次醒发后简单分割整形，放入烤盘中第二次醒发 30 分钟。
5. 面团表面划开，撒上拌入红椒粉的马苏里拉奶酪，入烤箱，上下火 200℃烘烤 35 分钟即可。

学点发酵知识

糖的添加比例小于 10% 的配方可选用低糖型酵母。

 # 瑞士核桃卷

> 今天曹老师要制作一款瑞士的烘焙产品——瑞士核桃卷。这款面包在制作上有一点特别，就是面团并没有起酥，但是它却有丰富的层次感。瑞士面包的一大特点就是精于技巧，这款面包也不例外，制作方法虽不复杂，但制作过程相当细致。所以这款面包，不仅口感香甜，更有自己独特的魅力。

 糖的添加比例大于 5% 的配方可选用高糖型酵母。

原料

面团：

牛奶	200 克
酵母	6 克
麦芽糖浆	5 克
砂糖	40 克
精盐	8 克
鸡蛋	20 克
面包粉	400 克
黄油	40 克

馅料：

黄油	100 克
核桃碎	80 克
玉桂粉	2 克
速溶吉士粉	50 克
牛奶	150 克
葡萄干	50 克
蜂蜜	适量
糖粉	适量

制作步骤

1. 将牛奶、面包粉、麦芽糖浆、砂糖、鸡蛋、黄油、酵母放入面盆初步搅拌。

2. 慢速搅拌使面团初步成形，加盐后改中速搅打至面团完成。冷冻半小时。

3. 牛奶和速溶吉士粉按3:1的比例混合，充分搅打。核桃、葡萄干切碎备用。

4. 案板刷少量油，将冷冻后的面团擀成2毫米左右厚的面皮。

5. 将黄油、吉士酱均匀涂抹在面皮上，然后将葡萄干、核桃碎、玉桂粉撒在面皮上。

6. 将面皮卷起，揿长，制成紧实的面卷，切成70克大小的面团醒发备用。

7. 面团刷蛋水，烤箱预热上下火180℃烤制20分钟，出炉后趁热刷蜂蜜，撒糖粉装饰即可。

丹麦红豆条

> 今天要跟大家分享一款起酥面包。起酥面包在口味上基本分两类，一类是咸的，一类是甜的。这类面包都源于奥地利。后来传到丹麦以后，丹麦人喜欢在起酥面包里多加一点糖，所以说丹麦的起酥面包大部分是甜口的。这类面包的形式多种多样，今天要做的是一款红豆条，因为红豆是亚洲人喜欢用的一种甜料。起酥的面需要把控温度，需要掌握好面团的软硬，整个流程非常复杂。家庭制作烘焙产品，很多人不愿意做起酥的面包，就是因为做面团非常麻烦，但是做这类起酥的面包，也有一些小的技巧。跟着曹老师，你会很容易学到这种起酥的方法。

学点发酵知识 ☺　　鲜酵母与即发干酵母有何区别？鲜酵母中的水分含量高、酵母菌活力高、容易苏醒；干酵母中水分含量低、酵母菌苏醒需要更长一点的时间。

 **原料**

面包粉…………… 250 克	黄油…………… 25 克
砂糖…………… 25 克	冰水…………… 130 克
奶粉…………… 10 克	精盐…………… 5 克
酵母…………… 5 克	蜜渍红豆……… 120 克
老面…………… 25 克	夹心黄油（起酥油）125 克

 **制作步骤**

搅拌机内放入面包粉、砂糖、奶粉、酵母、老面、冰水，待面团初步形成后加入黄油和精盐。

慢速搅拌 2~3 分钟，然后改中速继续搅拌至面团光滑。

面筋充分扩展后取出整理成形，用塑料膜包好，放入冰箱冷冻半小时左右。

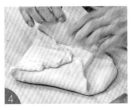

面团压成正方形后将四角擀薄，将夹心黄油放在中间，四角包裹严实。

包油后的面团用手掌压平后折成三折，重复几次制成起酥面团，然后擀成 5 毫米左右厚度的面皮。

红豆撒在面皮的下半部分，将面团对折、压实，然后切成细条，编成三股辫子造型，放入模具中常温醒发 40 分钟。

面团入炉前表面刷上蛋水，烤箱预热，上下火190℃烤制 25 分钟即可。

 北海道吐司

著名电影《非诚勿扰》带红了一大批演员，也带红了很多的景点，当然还有景点的美食。您还记得北海道吗？北海道的美食在电影里体现得淋漓尽致，鱼生、烧烤、生蚝等等，但唯独缺了一样，那就是北海道吐司。北海道吐司是烘焙爱好者在家里经常做的一款经典的吐司，因为它吃起来非常绵软，如果你留恋那种掰开之后拉丝的感觉，也只有它才能够提供。当然除了这掰开之后绵绵的拉丝之外，渗透出来的那种奶香一定会让您食指大动的。今天由曹老师教给您制作这款经典而又浪漫的北海道吐司，准备好了吗？

原料

鸡蛋	30g	牛奶	400g
面包粉	600g	黄油	50g
酵母	5g	精盐	3g
砂糖	80g		

 **制作步骤**

1 将部分面包粉、砂糖、酵母混合在一起，加入牛奶，将其混合均匀，然后搅拌成面团。

2 面团盖上塑料膜，在常温下醒发4个小时左右，面团的体积会增大一倍。

3 将剩余的面包粉、砂糖、酵母和牛奶倒入搅拌机中，加入鸡蛋慢速搅打3分钟，转中速搅打5分钟。

4 待面团不粘面缸时放入黄油，搅打均匀后放入盐，将其搅打至可拉成膜即可取出。

5 将打好的面团取出，放在撒有薄面的案板上，整理成表面光滑的面团。盖上塑料膜防止干皮，在23℃的室温下进行第一次醒发，时间为30分钟左右。

6 待面团醒发到轻轻拍打感觉中间有空洞感后，将其分割为每个80g左右的小面团，揉圆，进行第二次醒发，时间为20分钟。

7 将面团拍平，卷起成长条状，再擀开卷起，放入模具中压一压，然后放入醒发箱中进行第三次醒发，直到面团至模具的九分满。注意醒发箱的温度要控制在30℃。

8 入烤箱，温度设置为上下火180℃，低温慢烤35分钟以上，烤制成表面金黄即可出炉。

 烘焙小贴士

1. 中种法：预发酵一部分面团再与另一部分面团混合。

2. 学点发酵知识：在同一面包配方中，鲜酵母的添加比例是即发干酵母的添加比例的3倍。

意大利全麦吐司

> 今天我要和大家一起玩儿一个新的装备。这个装备不是一个专业装备，是一个家庭用的面包机。很多人一直在跟我提关于这种面包机的问题，但是我解答的不是很专业，因为我更喜欢用专业的、大型的设备做烘焙。这个小型的机器现在摆在我面前，我经过研究想跟大家一起分享，我把专业的概念和这种机器做一个结合，看看对你有没有帮助。

 原料

面包粉…………… 234g

全麦粉…………… 100g

奶粉……………… 10g

白油……………… 17g

水………………… 233g

酵母……………… 3g

精盐……………… 4g

砂糖……………… 17g

制作步骤

1. 将面包粉、全麦粉、砂糖、酵母、奶粉、水、白油和精盐倒入面包桶中稍搅拌。
2. 将面包机设定为有机杂粮／全麦模式，面包重量选择750g，烧色选中档，设定时间3小时25分钟启动，自动操作即可。
3. 取出面包桶将面包倒扣出来放凉。
4. 将面包切片即可。也可根据个人口味涂抹果酱等配料。

 学点发酵知识

　　冬季要适当提高酵母的添加比例或延长醒发时间，因为低温会降低酵母发酵速度。

 烘焙小贴士

　　1. 原料计算公式：原料总重量＝面包桶内可装入的水的容器 ÷4。

　　2. 机器的模式可重新设定。例如，如果配方中没有砂糖，烘烤要手动修改烘烤时间。

　　3. 面包烤熟后请放凉食用。

冰淇淋脆吐司

> 近几年特别流行把吐司面包烤得很焦很脆，有浓浓的奶香味，然后放上冰淇淋，冷热交织在一起来吃。很多人抱着半个面包大快朵颐。那么这款食品为什么这么好吃，这么诱惑？我们今天做一次看看，是不是这么诱人。

 原料

冰淇淋：

淡奶油	130g
纯牛奶	70g
白砂糖	40g
蛋黄	1个

香草粉	少许

脆吐司：

黄油	适量
蜂蜜	适量
吐司	1个

 制作步骤

↘ 制作冰淇淋

1. 将纯牛奶倒入锅中进行加热。

2. 将蛋黄、白砂糖、淡奶油、香草粉倒入容器中，缓缓倒入加热的牛奶，隔水降温，搅打均匀。

3. 将冰淇淋桶装入面包机中，倒入冰淇淋液选择iMix键设定25分钟，按启动键即可。

4. 把冰淇淋桶取出来放入冰箱冻硬，即可造型食用。

↘ 制作脆吐司

将面包切开，用小刀去除面包心，做成碗形。

蜂蜜和黄油调和均匀，刷在处理好的吐司上。

入炉烘烤。面包的大小不同时间不同。需要随时观察，不定时地将烤好的吐司面包取出来。

↘ 造型

将烤好的吐司进行整合造型，用冰淇淋挖取器将冰淇淋放到吐司上面。

根据个人喜好进行表面装饰即可。

推荐法焙客专业工具

抗粘／耐高温／耐磨损耐腐蚀／抗湿性
韧性高／寿命长／导热均匀／耐腐蚀／稳定性好

学点发酵知识

　　酵母与泡打粉的区别？泡打粉是一种单纯的化学物质，依靠化学变化在短时间内生成大量二氧化碳，无发酵芳香。

烘焙小贴士

1. 冰淇淋桶需要提前冷冻12个小时以上，将其冻透。
2. 黄油提前软化成液状。

CHAPTER

第四章

酥脆香浓饼干

COOKIES

斑点狗饼干

各种各样的饼干都被称为cookies，便于我们去理解它们的含义。但是饼干种类非常多，全球各地饼干吃起来感觉一定是不一样的。今天我们给您介绍一款斑点狗饼干，听名字是不是充满了爱呢？斑点狗饼干不仅外观特别，其内在也是很丰富的，让人垂涎三尺，所以今天一定要让您在家里和家人一起感受斑点狗饼干带来的神奇味蕾体验。曹老师准备好了，你准备好了吗？

 原料

黄油…………… 70g	耐高温巧克力豆 60g
泡打粉………… 0.2g	鸡蛋………… 25g
白砂糖………… 28g	苏打粉………… 0.2g
杏仁碎………… 90g	糖粉………… 30g
低筋面粉……… 100g	

制作步骤

把低筋面粉、泡打粉、苏打粉混合过筛。

把黄油、糖粉、白砂糖混合搅拌。

分两次加入鸡蛋，搅拌均匀。

加入过筛后的混合粉，搅拌均匀。

加入杏仁碎、耐高温巧克力豆，搅拌均匀。

烤箱预热，上下火180℃。

把面团分成每个15g的小面团放在烤盘上。

入烤箱，温度180℃烘烤15分钟即可。

费南雪小饼

　　费南雪形似金条，起源于金融人士的商务甜点，在法国非常流行，制作其实也不难。它之所以成为茶余饭后人们钟爱的小饼，主要是因为它有浓郁的奶香和焦糖香。

 **原料**

蛋清……………… 150g

蛋糕粉（低筋面粉） 55g

黄油……………… 160g

白砂糖…… 135g

杏仁碎…… 55g

郎姆酒…… 3g

 **制作步骤**

1 将黄油小火加热至化开。

2 将白砂糖加入黄油中，不停搅拌，慢火熬制。变色后加水，搅匀。

3 将低筋粉、杏仁碎、蛋清混合搅拌均匀。

4 加入熬制好的焦糖，搅拌至完全融合。

5 将搅拌好的面糊放入冷藏室冷却待用。然后将冷藏好的面糊倒入裱花袋挤入模具中，九成满即可。

6 烤箱上下火 200℃ 预热，根据模具大小烤制10~15 分钟即可。

 烘焙小贴士

要在糖融化时炒焦糖，要快速搅拌，以免炒煳。

黑白饼干

> 我身边有很多烘焙爱好者朋友都是从做饼干开始起步的，他们都做得一手好饼干。但是时间长了之后总是说，为什么饼干只有蔓越莓饼干。其实不然，你可以在饼干中加入自己的奇思妙想，那么无论是外形上还是口味上，亦或者是在体验上，都会带来惊喜。今天要教给大家做的这一款饼干，可以说是别具风格，那就是黑饼干和白饼干的结合，简称黑白饼干。听名字好像只是颜色的差别，但是实际做起来，在原材料配比、烤制以及最后成形上都有一些独特的小秘密！不要走开，马上跟着曹老师一起改变我们的饼干烘焙生活。

原料

黑饼干（选用）：		白饼干：	
蛋糕粉	220g	蛋糕粉	240g
鸡蛋	80g	黄油	200g
砂糖	120g	砂糖	112g
可可粉	20g	鸡蛋	80g
黄油	200g	香草香精	少许
香草香精	少许	蛋黄	12g
蛋黄	12g	巧克力	适量

 制作步骤

将白饼干原料中的黄油打发到中度发泡状态。

加入砂糖，继续打发。

分次加入鸡蛋，继续打发。

加入香草香精，搅拌均匀。

加入蛋糕粉，继续搅拌。

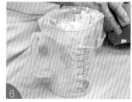

把白饼干的一半面糊装入裱花袋中，备用。

把可可粉和蛋黄混合均匀。

把可可粉和蛋黄的混合物加入另一半白饼干面糊中，搅拌均匀，即成黑饼干。黑饼干也可以使用上文提供的选用的原料直接制作。

把饼干糊挤在烤盘上。

入烤箱，上下火180℃烘烤18分钟。

将事先备好的巧克力夹在饼干中间。

使用化开的巧克力酱包裹半个饼干表面，装饰即可。

黄油曲奇

曲奇的名字来自英语 COOKIE 的音译，它的意思是细小的蛋糕。最初，它可能不是饼干的形态，而是很多细小蛋糕堆积在一起做成的甜点。据说它是由伊朗人发明的。在曲奇中，可以加入您喜欢的巧克力酱、咖啡酱、果酱、芝士等材料，满足您味蕾的需求。今天要教您做的这个，可以说是具有最本真的曲奇口味，那就是黄油曲奇。大部分曲奇都离不了黄油曲奇作基底，您只要做好了黄油曲奇，做任何曲奇都不在话下。今天我们就叫让您变成曲奇大师。

 **原料**

黄油·············· 300g
鸡蛋·············· 1个
低筋面粉········· 325g
杏仁片··········· 适量

糖粉·············· 90g
牛奶·············· 30g
果酱·············· 适量

 **制作步骤**

将软黄油和糖粉放入搅拌机中搅拌均匀。

加入蛋黄继续搅打。

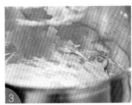

加入蛋清继续搅打。

将低筋面粉加入到打发好的黄油酱当中,搅拌均匀。

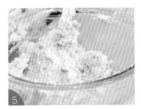

把牛奶加入到搅拌均匀的黄油酱中,混合至软硬适中。

将饼干糊装入套上花嘴的挤袋中,均匀地挤在烤盘中。

入烤箱,烘烤温度控制在180℃以内,烘烤12分钟左右即可。

 烘焙小贴士

1. 将底下的黄油翻上来搅打,使其打发得更均匀。

2. 加鸡蛋时要一点点分次加入,以便充分混合均匀。

3. 打发黄油时充气量不能过多,否则曲奇会没有硬度。

4. 黄油曲奇烘烤后没有形状的原因:(1)面粉添加不够;(2)打发时间过度;(3)饼干添加剂过量。

马卡龙

> 说起马卡龙，那真是人人都爱，名气非常大。马卡龙起源于意大利，后来在法国被改良之后，形成了一款风靡全球的甜点。走在大街小巷，透过玻璃柜，你总是能够看到琳琅满目、各色各样的马卡龙陈列在其中。很多朋友喜欢在茶余饭后来上两个，满足一下自己的味蕾。也有朋友喜欢在逢年过节的时候，带上几盒送给自己的亲朋好友，作为馈赠的佳品。无论如何，马卡龙都有着庞大的"粉丝"群。正是因为大家的喜爱，才造就了这一款经典作品，流传下了来。今天曹老师将教给大家来制作一款非常经典的马卡龙，不用加其他色素，原汁原味，吃出新意。当然了，得提一句，作为一个好的甜点师，必须得做一手好的马卡龙！

 **原料**

杏仁·············	45g	淡奶油··········	200g
巧克力··········	200g	蛋白·············	48g
可可粉··········	15g	砂糖·············	52g
朗姆酒··········	5g	糖粉·············	64g
葡萄糖浆········	15g		

制作步骤

1 将杏仁磨成杏仁粉。

2 将杏仁粉和糖粉搅拌均匀。

3 打发蛋白至干性发泡。

4 分次加入砂糖，继续打发。

5 在蛋白中加入杏仁粉和糖粉，筛入可可粉。

6 搅拌均匀后，倒入裱花袋。

7 挤在烤盘上，用力震动几下，晾至表皮不粘手。

8 加热淡奶油，浇在巧克力上，使其化开。

9 加入葡萄糖浆，静置7~8分钟。

10 巧克力酱搅拌均匀，加入朗姆酒。

11 入烤箱，上火160℃、下火140℃烘烤14分钟。

12 把巧克力酱挤在饼干中间，扣起来就可以享用了。

马蹄蛋黄饼干

> 饼干入门门槛低，又特别讨好人，家人都爱吃。今天要教给您制作的这款饼干，跟传统的饼干，有一些区别。它有一种独特的外形——马蹄形，而且还有独特的口味，充满蛋香、奶香之余，还掺杂着巧克力的浓香。这就是今天教给您做的马蹄蛋黄饼干。这个马蹄形状是如何来的？这款饼干和传统的饼干，用料上又有什么不同呢？您仔细看好了，跟着曹老师走进马蹄蛋黄饼干的世界！

 **原料**

生吉士粉	25g	糖粉	75g
蛋黄	37g	黄油	160g
水	10g	面包粉	250g
黑巧克力酱	适量		

制作步骤

用搅拌器打发黄油和糖粉。

分三次加入蛋黄，继续打发。

逐次加入水，继续打发。

加入过筛的面包粉和生吉士粉，搅拌均匀。

将面揉成团，冷却10分钟左右。

面团搓成长条，分成10g的小面团。

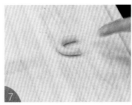
小面团搓成长条，弯成马蹄形状。

入烤箱，上下火180℃烘烤12分钟。

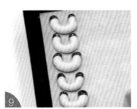
出炉冷却后两侧蘸上黑巧克力酱即可。

奶酪软曲奇

"
　　酸甜清爽的奶酪和香甜适口的曲奇，这两者是我们在品味甜点的生活中是不可或缺的。如果把这两样东西混合在一起，再形成一种新的口味，不知道会有什么新鲜的感觉呢？它的外层非常酥脆，里面因为是奶酪所以说非常绵软。让您一口下去先是酥脆的感觉，紧接着是柔软的润滑，两者结合在一起，我相信一定是最好地诠释了奶酪和曲奇的融合之美。

　　今天我们就来教您做这一款你可能意想不到的奶酪软曲奇。
"

 原料

蛋黄	80g	高筋面粉	50g
淀粉 A	40g	奶油奶酪	200g
淀粉 B	20g	白巧克力	30g
蛋白	150g	黄油	5g
砂糖	70g	橙味酒	8g

制作步骤

1 将淀粉 A 加入蛋黄当中，搅拌均匀后备用。

2 高筋面粉中加入淀粉 B，混合成特制的中高筋面粉，备用。

3 蛋白中分次加入砂糖，高速打发至干性发泡。

4 将搅拌好的蛋黄与打发好的蛋白混合均匀。

5 过筛后的中高筋粉和蛋糊搅匀，装入挤袋挤成小饼。

6 烤箱上火 170℃、下火160℃预热，烤制 17分钟。

7 白巧克力隔水化开，与橙味酒、黄油、奶油乳酪搅打至完全融合，制成馅料。

8 乳酪馅挤在曲奇上，再盖上曲奇，即可制成夹心乳酪软曲奇。

奶酪酥饼

> 说起奶酪，总是会和各种各样的甜滋味混合在一起。但是你有没有想过，奶酪没有了甜，完全是咸味的话又会是什么样的味道呢？在茶余饭后点一杯果汁或者是一杯咖啡，来一块奶酪酥饼，那绝对是最佳搭配。不过在咸咸酥脆的口感之下，还有一种隐隐的神秘味道。到底是什么呢？让我们一起揭开谜底！

 **原料**

黄油··············	150g	蛋黄··············	20g
盐···············	5g	蛋糕粉············	180g
杏仁粉············	80g	黑胡椒粉··········	2g
奶酪粉············	40g	红辣椒粉··········	1g
鸡蛋··············	20g	豆蔻粉············	1g

制作步骤

1. 黄油软化后和鸡蛋分次搅拌均匀，加入盐、黑胡椒粉、豆蔻粉。
2. 加入蛋糕粉和杏仁粉搅匀，放入冰箱冷藏半个小时。
3. 面团揉制成形，压成面片，分割成正方形待用。
4. 表面刷蛋黄，撒上红椒粉、奶酪粉，摆盘后入烤箱180℃烤制20分钟即可。

手指饼干

> Lady savoiardi 是意大利著名的饼干。它的外形细长，类似于手指的形状。质地很干燥，非常香甜。意大利人经常使用 lady savoiardi 来制作糕点，由于它的质地有些类似干燥过的海绵蛋糕，能够吸收大量的水分，所以很适合拿来做提拉米苏的基底及夹层手指饼干。如果把它放到咖啡里，它会快速吸收咖啡，变得深沉且充满内涵；如果遇到巧克力，它又会变成另一种形象甜蜜而富有魅力的食品。

 **原料**

蛋白⋯⋯⋯⋯⋯ 2 个　　　蛋黄⋯⋯⋯⋯⋯ 2.5 个

香草粉⋯⋯⋯⋯ 1g　　　砂糖 A⋯⋯⋯⋯ 25g

低筋面粉⋯⋯⋯ 50g　　　砂糖 B⋯⋯⋯⋯ 25g

糖粉⋯⋯⋯⋯⋯ 适量

制作步骤

1 将低筋面粉和香草粉过筛备用。

2 蛋白打发到一定程度分次加入砂糖 A，搅打至干性发泡即可。

3 蛋黄和砂糖 B 倒入容器中打发至完全融合。

4 将打发好的蛋白和蛋黄混合均匀。

5 加入过好筛的低筋面粉搅拌均匀。

6 将面粉灌入模具中挤到不粘垫上。

7 撒上糖粉，入烤箱180℃，烘烤大约20分钟即可。

 烘焙小贴士

1. 蛋白打发时要注意先快后慢。

2. 打发蛋白的关键点：（1）搅打速度不能过快；（2）分次加入砂糖。

杏仁瓦片

> 今天要制作的这款杏仁瓦片饼干，主料当然就是杏仁片了。脆脆的，咬起来香香的，而且可以补充不少营养。瓦片是什么意思呢？那就是吃起来一定要像瓦片，薄脆薄脆的，入口咯吱一声，嚼一嚼又带一点杏仁的韧劲。怎么来做呢？这不是难题。今天曹老师亲自教您制作这款非常受欢迎的杏仁瓦片饼干！

 原料

蛋清	60g	糖粉	100g
黄油	20g	低筋面粉	12g
杏仁片	100g		

 制作步骤

1. 烤箱上火 180℃、下火 170℃预热。
2. 把蛋清、糖粉、低筋面粉、黄油搅拌均匀。
3. 加入杏仁片 100g 搅拌均匀。
4. 将面糊排列在烘烤盘上，用力按平。
5. 入烤箱，上火 180℃、下火 170℃烘烤
   10 分钟即可。

椰子饼干

> 烘焙的种类有很多，元素也有很多。我们爱上一种烘焙产品，一定有自己独特的原因。其中有这么一款饼干现在很受欢迎，就是因为它的味道非常有针对性，特别适合喜欢椰子口味的朋友。说到这儿，您可能流口水了。不是吗？金黄的外皮之下带有一点椰子的香味——百分之百的椰香。天哪！这不仅是饼干，这是一种置身于热带雨林的独特体验。今天由曹老师教您制作这样的一款椰子饼干。

 **原料**

低筋面粉⋯⋯⋯ 75g

糖粉⋯⋯⋯⋯⋯ 35g

椰浆⋯⋯⋯⋯⋯ 15g

盐⋯⋯⋯⋯⋯⋯ 0.5g

椰蓉⋯⋯⋯⋯⋯ 45g

黄油⋯⋯⋯⋯⋯ 100g

蛋黄⋯⋯⋯⋯⋯ 10g

制作步骤

将低筋面粉过筛。

加入椰蓉，混合均匀。

把糖粉和盐混合。

把椰浆和蛋黄混合。

黄油软化，加入糖粉和盐，搅拌均匀。

分三次加入椰浆和蛋黄，搅拌均匀。

分两次加入低筋面粉和椰蓉，搅拌均匀。

使用保鲜膜，冰箱冷藏15分钟。

使用模具将饼干糊涂抹在烤盘上。

入烤箱，温度180℃烘烤10分钟即可。

 烘焙小贴士

黄油一般需要冷藏保存，取出冰箱中坚硬的黄油，在常温下软化。

 # 意大利饼干 /

意大利饼干又叫做 Biscotti，意思是两次烘烤，可以看出这款饼干的烘焙方式。在意大利的托斯卡纳地区，这种饼干那是相当红火，当地人经常来吃这种饼干。怎么吃呢？单吃这种饼干，嘎嘣脆的感觉已经非常棒了，但意大利人认为配这款饼干一定要有一款饮品，比如说有名的卡布奇诺，再比如说来上一杯意式浓缩咖啡，亦或是女士喜欢的小小果汁。任意一款都可以让我们的意大利饼干变得异常完美。同时，因为这款饼干非常干，所以保质期长，特别适合长途旅行。今天就要教您来制作这款正宗的意大利饼干。

 **原料**

杏仁片粉········· 60g

黄油·········· 150g

鸡蛋·········· 50g

高筋面粉········· 100g

砂糖·········· 200g

开心果·········· 100g

泡打粉·········· 1g

玉桂粉·········· 2g

低筋面粉········· 250g

 制作步骤

把低筋面粉、高筋面粉和泡打粉混合均匀，过筛备用。

软化黄油。

黄油加入砂糖，搅拌均匀。

加入蛋黄，拌匀。

分两次加入蛋白，继续搅拌均匀。

加入混合面粉，拌一下。

加入杏仁片粉，继续搅拌。加入玉桂粉和开心果，继续搅拌。

把面团揉成圆柱体，然后三等分松弛。

入烤箱，190℃烘烤25分钟。

冷却之后，切开约1cm厚，再次烘烤5分钟即可。

 苏打饼干 /

"

　　苏打饼干是现在市面上常见的一种饼干。它是 1801 年诞生的，但是真正流行普及起来，是在美国的南北战争时期。当时也不知道是因为什么事，就这么莫名其妙地流行起来了。苏打饼干口感特别酥脆，可以搭配各种各样的馅料来吃，让大家更加喜欢它。还有一点，因为有小苏打，所以对胃特别好，便于消化。那种苏打和面经过反应之后，带来的独特的香气，也会让我们感觉到一种别样的烘焙芬芳。今天我们就要教给您制作正宗的苏打饼干，并且提供几种常见的或者说曹老师认为非常好的搭配的馅料，让您在家里体验。

"

原料

水面团：

低筋面粉······ 250g

淀粉··········· 60g

清水··········· 140g

干酵母········· 2g

黄油··········· 60g

苏打粉········· 2g

油面团：

淀粉··········· 90g

黄油··········· 60g

盐············· 4g

甜味夹心配方：

糖粉··········· 240g

草莓酱········· 60g

咸味夹心：

奶油奶酪······ 适量

盐············· 适量

（根据个人口味添加）

制作步骤

＼ 制作水面团

将低筋面粉、淀粉和苏打粉过筛。

干酵母中加少许水浸泡几分钟。

在面粉中依次加入酵母水、清水和黄油搅拌均匀。

揉成面团用油纸包起来，松弛半小时左右。

＼ 制作夹心

将糖粉与草莓酱倒入容器中，搅拌均匀备用。

＼ 制作油面团

将淀粉、盐以及黄油揉成面团。

⬔ 成形和烘烤

① 将油面团包在水面团中，边擀边折使其完全融合。

② 将擀好的面团松弛十几分钟。

③ 将面团擀制成 2mm 厚。

④ 用模具刻出形状松弛 20 分钟。

⑤ 入烤箱，180~200℃烘烤 15 分钟左右。

⑥ 根据个人口味，添加甜味或者咸味的夹心馅料即可。

烘焙小贴士

1. 水面团不要揉得过于细腻，否则会影响口感。

2. 甜味苏打饼干可用来做甜品，咸味的可应用于酒会。

3. 面团至少擀制 5 遍，否则会影响饼干的口感。

5

CHAPTER
第五章

花样繁多派挞

PIE/TART

大米布丁派

> 烘焙产品跟中式主食是特别相似的。比如说面粉，烘焙产品可以用到，中式主食也可以用到。当然了，今天还要用到一种原料，你可能意想不到，那就是大米。很多朋友会想："大米在烘焙当中怎么运用呢？"今天教您做一款非常好吃而且好看的产品，叫大米布丁派。想一想，做派，用大米作为原材料是不是很新奇呢？这种看似应该是中式主食的原材料，拿到西式的烘焙当中又能够迸发出什么样的灵感呢？我们拭目以待！

 原料

馅料：

杏仁碎·········· 60g

砂糖·········· 75g

牛奶·········· 450g

蛋黄·········· 105g

大米·········· 75g

淡奶油·········· 150g

葡萄干·········· 25g

（提前用水浸泡）

香草荚·········· 1根

派皮：

蛋糕粉·········· 200g

鸡蛋·········· 30g

砂糖·········· 30g

黄油·········· 110g

盐·········· 8g

 制作步骤

1. 将大米、牛奶、香草荚倒入锅中，小火慢煮。

2. 将蛋黄、淡奶油、葡萄干、砂糖、杏仁碎倒入容器中，搅拌均匀。

3. 制作派皮。将蛋糕粉、鸡蛋、砂糖、黄油、盐充分抓匀，揉成面团。

4. 将面团擀成面皮，放入模具中。

5. 将熟大米糊灌入模具中，灌至九分满。

6. 入烤箱，上火180℃、下火200℃烘烤30分钟左右即可。

 烘焙小贴士

大米不需要像蒸米饭一样完全蒸熟。

 # 荷兰香梨挞

> 　　每个国家都有自己的一些代表性的甜点。比如说意大利有提拉米苏，有意式面包棍。那么荷兰有什么呢？今天要教给您的是在荷兰非常有代表性的一个挞，叫荷兰香梨挞。这个荷兰香梨挞有什么不一样的呢？先教你做挞皮，再教您做荷兰馅，最后表面放上梨烤上一烤。表皮脆脆的，中间糯糯的，底下酥酥的，三种感觉。您一口下去还能分辨出美味的区别吗？

原料

甜面团：
低筋面粉…… 170g
黄油………… 105g
砂糖………… 52g
鸡蛋………… 25g

荷兰馅：
黄油………… 50g

杏仁膏……… 78g
鸡蛋………… 60g
柠檬汁……… 适量
香梨罐头…… 200g
低筋面粉…… 35g
草莓酱……… 70g

装饰料：
杏仁片、糖粉、薄
荷叶各适量
杏桃果胶…… 20g

制作步骤

制作甜面团：将低筋面粉、黄油、鸡蛋、砂糖充分拌匀，揉成面团。

制作荷兰馅：将杏仁膏掰碎，分次加入蛋液调开。

加入黄油、低筋面粉、柠檬汁搅拌均匀。

甜面团擀开，平铺到模具中，整形捏边。

挞皮中央涂抹上草莓酱，并将荷兰馅盖在草莓酱上抹匀。

将罐头梨用吸油纸吸干水，切块摆盘。

入烤箱，180℃烘烤40分钟。

杏桃果胶放入锅中加水熬化。

在表面刷上杏桃果胶，装饰些许糖粉、杏仁片和薄荷叶即可。

烘焙小贴士

1. 杏仁膏制作方法：将30%杏仁粉、70%糖粉和少许蛋清拌匀即可。

2. 鲜梨要先焯一下水，否则容易变色，影响美观。

核桃派

> 核桃派最大的特点就是料足。大把大把的核桃仁撒落在派皮之上，那场景就已经足够引诱你的味蕾了。如果再咬下一口，那一半是酥脆一半是醇厚的感觉，简直是人间最大的美味享受了，真的不用我再多说了。哪怕是在夏天你也无法抵挡这款核桃派的诱惑。

原料

核桃派馅:

鸡蛋…………… 4 个

红糖………… 210g

黄油………… 120g

核桃仁………… 250g

葡萄糖浆……… 160g

甜面团:

鸡蛋………… 72g

砂糖………… 80g

黄油………… 144g

香草香精……… 2g

低筋面粉……… 290g

 制作步骤

制作馅料

葡萄糖浆加入红糖、黄油加热融化。

加入鸡蛋搅拌均匀。

加入核桃搅拌均匀。

制作核桃派

黄油软化,加入砂糖、低筋面粉、香草香精。

加入鸡蛋和成面团。

面团放入冰柜中冷却30分钟。

将甜面团用擀面杖展开。

压入模具中制成派底。

把搅拌好的馅料倒入面皮中。

用180℃炉温烘烤30分钟即可。

 # 柠檬挞

法式柠檬小挞，可以说是在法式糕点店里最常见的一款甜点了。你走在马路上，路过糕点店，透过玻璃窗，看到五彩缤纷的糕点当中有这么一抹淡淡的黄色，那十有八九就是它了，柠檬的清香一定会刺激你的味蕾。在饱餐了一顿丰盛的晚餐之后，相信吃一个柠檬挞是最好的选择了。

原料

鸡蛋·············· 37g

蛋白·············· 40g

黄油·············· 167g

甜面·············· 适量

砂糖·············· 80g

蛋黄·············· 64g

柠檬汁·············· 50g

蛋白霜：

砂糖·············· 100g

蛋白 ·············· 50g

鸡蛋、柠檬汁、砂糖搅拌均匀。

加入黄油化开。

加入蛋黄不停搅拌成柠檬馅料，必须要熟透。

准备甜面壳烤好备用。

把柠檬馅填充到甜面壳中。

打发蛋白霜。

分次加入砂糖，继续搅打。

把打好的蛋白霜装进裱花袋。

把蛋白霜挤在柠檬挞上。

把蛋白霜焗上颜色作为装饰即可。

烘焙小贴士

可以根据口味添减柠檬汁。

苹果布丁派

布丁吃起来口感特别软糯、有弹性，香甜可口。但是今天要教您做的这个产品有一个跨越性的提升。它既有派的特点，又有布丁的口感，这就是苹果布丁派。想象一下新鲜的苹果果肉铺在非常酥脆的派皮之上，中间再裹上一层不知道是怎么制作的酱料，经过烤箱上下火反复加温，这一款金黄色的派就诞生了。对于现在特别喜欢快乐生活、放松生活的女士而言，在下午约上几个闺蜜，来一杯咖啡或一杯果汁，吹吹空调，再品尝一下这款甜品，美好的午后时光悄然而过。不说了，赶紧教给您做这款苹果布丁派。

原料

派皮：

黄油	105g
低筋面粉	170g
鸡蛋	0.5 个
砂糖	52g

辅料：

鸡蛋	100g
蛋糕坯	1 片
苹果	3 个

杏仁片	5g
黄油	5g
熟吉士粉	20g
砂糖	60g
香草香精	少许
牛奶 A	60g
牛奶 B	125g
淡奶油	125g
白砂糖	适量
肉桂粉	适量

制作步骤

1 低筋面粉过筛，加入软化的黄油。

2 加入砂糖，搅拌均匀。

3 加入鸡蛋，混合成甜面团。

4 将甜面团放入冰箱冷冻30 分钟。

把牛奶 A 和淡奶油一起煮。

搅打鸡蛋，加入砂糖。

把搅打好鸡蛋倒入锅中，一起加热。

取下热锅，过滤后加入香草香精和黄油，制成布丁汁。

熟吉士粉加入牛奶 B，搅拌成吉士酱。

把蛋糕坯掰碎加入吉士酱中，搅拌均匀。

加入杏仁片，搅拌均匀。

将甜面团从冰箱中取出，擀成派皮。

将擀好的派皮放入模具内。

把蛋糕坯混合物平铺在派皮之上。

苹果去皮切片，排列在派盘上。

入炉烘烤之前，倒入布丁汁。

撒上白砂糖和肉桂粉。

入烤箱，190℃烘烤 40 分钟即可。

推荐法焙客专业工具

方形

FOR BAKE
法焙客

高硼硅耐热玻璃 / 双把手设计 / 一体成型 / 圆润边角打磨

苹果派

在美国，苹果象征着安定和富足。苹果派则意味着妈妈的味道。美国的每一个妈妈几乎都能亲手制作苹果派。美国人也坚定地认为自己妈妈亲手制作的苹果派才是世上最好的美味。

原料

表面装饰材料：

砂糖············· 100g

杏仁粉············· 50g

黄油············· 150g

低筋面粉········ 250g

苹果馅料：

提子干············· 80g

砂糖············· 60g

黄油············· 20g

朗姆酒············· 5g

肉桂粉············· 2g

柠檬汁············· 5g

苹果丁············· 1250g

甜面团：

鸡蛋············· 72g

砂糖············· 80g

黄油············· 144g

香草香精········ 2g

低筋面粉········ 290g

 制作步骤

⟍ **制作苹果派馅料**

在凉水中放入食用盐，将苹果浸泡5分钟。

苹果去皮后切成0.8cm大小的方丁。

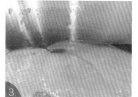

用平底锅化开黄油，放入砂糖炒制。

有香味后放苹果丁，稍后搅拌。

加入肉桂粉、提子干、柠檬汁、朗姆酒搅拌均匀。

制作酥粒

加热黄油。

将砂糖、杏仁粉、低筋面粉搅拌均匀。

冲入煮开的黄油，趁热搅拌均匀。

制作甜面团

软化黄油。

加入砂糖、低筋面粉混合均匀。

加入鸡蛋混合均匀。

面团放入冰柜中冷却30分钟。

成形和烘烤

将冷柜中的甜面团取出，适度揉一下。

用擀面杖碾开至5mm厚，压入派中，制成派底。在派模中装馅，表面撒酥粒，要尽力压实。

入烤箱，温度设定在180℃，烘烤30分钟即可。

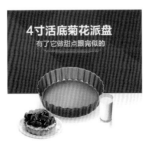

巧克力挞

> 说起与爱情相关的食物，你首先想到的就是巧克力，因为这是爱人之间表达爱意的佳品。你无法拒绝巧克力，就如同你无法拒绝爱情一样。而巧克力挞正是这么一款你无法拒绝的美味。黑巧克力加入了丝丝润滑的奶油，在微苦当中透出丝丝的清甜。当这一切美味倒入酥脆的挞皮中时，你所期待的不仅仅是一道美味，还有这道美味会带来的味觉碰撞与情感接触。如果说可以和爱人一起来分享这样一款完美的巧克力挞，相信品味的不仅是巧克力的味道，更多的是浓浓的爱意。今天我们就一起品味这爱情的滋味。

低筋面粉········· 145g

黄油············· 70g

白砂糖··········· 40g

鸡蛋············· 35g

黑巧克力········· 85g

淡奶油··········· 100g

葡萄糖浆········· 10g

八角············· 两粒

推荐法焙客
专业工具

NO.2

食品级铝合金

表面硬膜处理 / 一体成型 / 食
品级铝合金

 制作步骤

1. 将黄油和砂糖放入低筋面粉中用手搅动，使三者充分融合。

2. 倒入蛋液，混合均匀，采用按压法制成面团并冷却。

3. 面团压成 2mm 的面片，放入模具中压实并打孔。

4. 上下火 180℃烘烤 16 分钟，出炉后放凉待用。

5. 将巧克力装在碗中，放入盛有热水的盘中隔水化开。

6. 将淡奶油、八角加热至 70℃后倒入巧克力中，充分融合。

7. 从容器底部按一个方向慢慢搅拌，并加入葡萄糖浆。

8. 将巧克力灌入冷却的挞底，冷藏后简单装饰即可。

香蕉椰丝派

> 做派，总是会有琳琅满目可以选择的馅料，而且还可以做很多香酥的皮。今天我们要做的这个派非常好玩，叫香蕉椰丝派。香蕉，很多女士真是爱不释手，也爱不释口。吃香蕉不仅能补钾，而且据说可以美腿。听听，这个美腿的效果一定非常受欢迎。但是香蕉如果烹饪不当或者用其他方式来烹饪的话，很容易氧化。今天曹老师带着他的方法教大家制作这款香蕉椰丝派。准备好了吗？马上出发。

原料

甜面团：

蛋糕粉…………… 200g

黄油…………… 110g

鸡蛋…………… 25g

砂糖…………… 55g

椰丝馅：

砂糖…………… 80g

鸡蛋…………… 4 个

椰丝…………… 60g

黄油…………… 80g

椰奶…………… 200g

香蕉…………… 200g

制作步骤

1 将蛋糕粉中加入黄油、砂糖、鸡蛋，搅拌均匀。

2 将步骤 1 的原料揉成面团，擀制成 3mm 的面片，用擀面杖卷起来放到模具中，整理成形。

3 将椰奶和黄油倒入锅中进行加热，制成椰丝馅。

4 将鸡蛋、砂糖、椰丝混合，搅打均匀。

5 香蕉去皮，切片，平铺在制作好的派皮上。

6 将加热好的黄油椰奶倒入鸡蛋汁中，搅打均匀。

7 将调好的椰奶汁均匀地浇在派皮上。

8 入烤箱，上火 200℃、下火 180℃烘烤 35 分钟，取出装饰即可。

 烘焙小贴士

1. 甜面团比较软，要多撒手粉，否则容易粘。

2. 甜面团要擀得薄厚均匀，3mm 最佳。

热带水果挞

顾名思义，今天要制作的是一款具有热带风情的水果挞。这个水果挞的风格是一种花园式风格。现在我们试想一下，这种酥酥脆脆的饼皮之上，还裹着这么多新鲜的水果，我相信带来的不仅仅是口感的刺激，更多的是我们对美好生活的期待。闲暇的午后，来上一份热带水果挞，相信你和你爱的人一定会倍感开心。既然今天我们要研究这款热带水果挞，就要让它做得更有意义，不但学会制作它而且还要把水果挞的故事讲给你身边的人听。

 原料

卡仕达酱：
黄油·············· 30g
牛奶·············· 500g
蛋黄·············· 120g
生吉士粉·········· 25g
白砂糖············ 150g
低筋面粉·········· 50g
香草荚············ 0.5 根

甜面团：
鸡蛋·············· 70g
黄油·············· 142g
白砂糖············ 80g
低筋面粉·········· 290g

辅料：
各种水果·········· 适量
果胶·············· 适量

 制作步骤

制作卡仕达酱

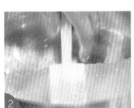

1 蛋黄、砂糖、吉士粉、低筋面粉搅拌均匀。

2 用一部分牛奶冲入蛋黄酱中搅拌均匀。

3 将牛奶和香草荚用小火煮开。

4 用煮开的牛奶冲入蛋黄酱中，搅拌均匀。回火一边搅拌一边加热。

5 煮到浓稠后，加入黄油搅拌均匀。冷却后使用。

制作甜面团

低筋面粉过筛后放入黄油、白砂糖混合均匀。

放入鸡蛋，混合均匀。

放入保鲜柜冷却30分钟使用。

成形和烘烤

在案板上撒薄面，将甜面团揉搓光滑。

甜面团擀开至4mm厚。

甜面团放入派模中，压实边缘。

刮去多余的部分，用手指捏压。

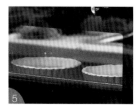 

入烤箱，上下火180℃烘烤15分钟。

用卡仕达酱和水果装饰即可。

CHAPTER

第六章

精致典雅酥饼

PANCAKE

奥地利苹果卷

> 苹果卷在德、奥地区非常流行，可以说是风靡。尤其在奥地利，家庭主妇每周都会做上一次，让自己的孩子、老公，还有周围的朋友好好地品尝一下自己的手艺。奥地利的苹果卷，有一个最大的特点，它选用的苹果一定是那种酸酸脆脆、水分稍微高一点的。同时要加入足够多的朗姆酒，让你吃起来会有那种微醺的感觉。苹果卷配各种各样的饮品都非常适合。今天我们不仅要让曹老师教您制作苹果卷，而且还要告诉您制作苹果卷在卷卷的时候，有哪些特别需要注意的地方。

 原料

低筋面粉……250g	苹果………4个	软奶酪………50g
高筋面粉……250g	葡萄干………40g	香草香精……3g
色拉油………35g	杏仁粉………30g	砂糖…………适量
盐……………10g	玉桂粉………3g	黄油…………适量
凉水…………310g	朗姆酒………5g	

1. 将高筋面粉、低筋面粉、凉水、色拉油、盐倒入容器中搅打均匀。

2. 在案板上、盘子上和手上抹少许油。

3. 将面团分割成两份，刷上油，盖上保鲜膜放入保鲜柜中，冷藏松弛2个小时以上。

4. 苹果削皮，去核，切片备用。

5. 软奶酪切一下。

6. 将奶酪、砂糖、葡萄干、玉桂粉、香精、朗姆酒、杏仁粉加入到苹果中搅拌均匀。

7. 将适量黄油放入锅中进行加热。

8. 倒入加热好的黄油搅拌均匀。

9. 在烤盘上刷上黄油备用。

10. 将面团擀一下，用手扯成很薄的面皮。

11. 面皮刷上黄油，卷上苹果馅，表面再刷一层黄油。

12. 入烤箱，上火230℃烘烤至着色时，拿出刷上黄油再烘烤至金黄色。

13. 出炉后表面再刷上一层黄油即可。

14. 将苹果卷放置一会后切段，撒上糖粉摆盘即可。

烘焙小贴士

1. 搅打面团的速度为低速略高一点即可。
2. 苹果洗净，用凉水泡一泡不容易变色。
3. 选用硬质酸甜的苹果制作出的效果最好。
4. 加入黄油能够起到凝固的作用。

拿破仑酥

> 从前有两位蛋糕师打了一个赌，其中一个说将在一周之内做一个一百层的蛋糕。这当然是个笑话了。因为当时最高的蛋糕也就是三层，没人做一百层的蛋糕。很多人把这种三层蛋糕称为拿破仑蛋糕，因为大家都知道拿破仑的身高不是很高。其实它是一种酥。它是千层酥皮、奶油霜、戚风蛋糕三者完美融合的产物。这种酥吃起来口感酥脆，一口下去上牙触碰到的是柔软的奶油霜，下牙触碰到的是酥脆的千层酥皮了，再使劲一咬，戚风蛋糕的柔软正好配合着香气在口腔当中漫延开来。拿破仑酥就是这么神奇。有人会说这个千层酥皮、奶油霜还有戚风蛋糕，这三种点心听起来都很普通的。但是这三种看起来普通的材料混合在一起，组合一个新的产品，那可就不是一件很简单的事情了。到底如何做好一款地道的拿破仑酥呢，今天我和你一起来学。

 **原料**

表面材料：
翻砂糖……………… 100g
溶化巧克力…… 10g

吉士酱：
速溶吉士粉…… 100g
水………………… 250g
淡奶油………… 150g

起酥面团：
盐……………… 10g

水………………… 210g
黄油…………… 180g
高筋面粉…… 100g
低筋面粉…… 350g

夹心奶油：
黄油…………… 230g
低筋面粉…… 20g

⊿ 制作吉士酱

先将水放入搅拌缸中，然后加入速溶吉士粉。

先用中速搅拌2分钟，再用高速搅拌3分钟。

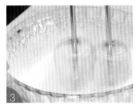

把淡奶油打发。

用手动打蛋器从下向上调匀。

把打发的淡奶油加入到吉士酱中，搅拌均匀，保持硬度。

⊿ 制作起酥面团

将黄油、低筋面粉搅拌均匀，制成夹心黄油。

将低筋面粉、高筋面粉、盐、水、黄油搅拌均匀，整理成光滑的面团。

面团封好放入保鲜柜中隔夜冷冻。

取出冷冻后的面团用力压开。

推荐法焙客专业工具

铝合金锅体 / 不锈钢复底 / 手柄隔热 / 多种用途

将夹心黄油放在中央四面合拢包严。

用走锤从中央向四个角砸几下，然后碾开成长方形。

折三层之后放入冰柜冷却松弛。

如此重复3层的叠法共进行3次，最后是进行4层的叠法1次。

切一块解冻后的起酥面碾开至2毫米厚。

移入烤盘中，用叉子打上很密的小孔。

撒上砂糖，松弛后烘烤。

烤箱预热180℃，将面片烘烤30分钟。

╲ 表面装饰

用一个较大的平底锅加热水，把翻砂糖隔水加热。

边加热边搅拌翻砂糖温度不要超过50℃。

将吉士酱装入带裱花嘴的挤袋中。

将酱汁挤在面片上，抹匀后压上第二层面片，依次做三层。翻过来使用，这样表面更平整。

将翻砂糖抹在酥皮表面，挤多条巧克力线，用牙签或小刀拉出花纹。

 林茨饼

"

　　说起奥地利的甜点，你首先想到的一定是世界闻名的沙河蛋糕了。但是除此之外奥地利还有一款非常有名的点心，叫林茨饼。这林茨饼的名字是取自于奥地利的一个城市的名字林茨。林茨又是奥地利的三大城市之一，当然也是一个文化城市。所以说在这样的文化底蕴之下，烘托出这样一款非常经典的林茨饼一定是独具魅力的。林茨饼的外层是一层非常酥酥的外皮，当咬开这酥酥的口感之后你会发现内在是非常湿润、软糯的海绵蛋糕体。那香酥可口的蛋糕渣混合着足够的黄油，再加上一层淡淡的果酱，这种水果的清香和蛋糕的浓香结合在一起堪称是绝配。

"

原料

黄油·············· 170g

蛋糕碎·········· 170g

杏仁粉·········· 170g

蛋糕粉·········· 170g

糖················ 170g

鸡蛋·············· 100g

泡打粉·········· 4g

玉桂粉·········· 2g

柠檬青·········· 10g

草莓酱·········· 300g

推荐法焙客
专业工具

FOR BAKE
法焙客

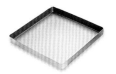

引领美味奇迹 中、西式全搞定

LEAD THE DELICIOUS MIRACLE

食品级铝合金 / 特氟龙不粘 / 无油烟更
健康 / 多选择更方便 / 完美弧形角度 /
自己做更放心 / 新工艺更完美

制作步骤

1. 蛋糕渣斩碎和杏仁粉拌匀，面粉、泡打粉、玉桂粉拌匀。

2. 黄油、糖、鸡蛋搅打均匀后，加柠檬青、面粉搅拌均匀。

3. 将搅匀的黄油糊和面粉与蛋糕渣混合，制成面糊。

4. 部分面糊入模具中抹平，加草莓酱后用剩余面糊挤花纹。

5. 将林茨饼放入烤炉，上下火200℃烤30分钟。

6. 出炉后表面抹光亮剂保水，撒上杏仁片装饰，晾凉即可。

方核桃饼干

核桃一直以来都是人们非常推崇的健康食品，其中富含丰富的磷脂、赖氨酸等等。小孩子每天吃两颗核桃，可以说对脑部的发育非常好。但是让人头疼的事情也来了，核桃本身除了香味之外，还会带着一点点苦涩的小味道。这是让孩子望而却步的原因，也让很多的妈妈们非常地苦恼。怎么办呢？我们该如何去让核桃变得更加地美味、更加地香甜、更加地符合小朋友的口味呢？今天曹老师给您来支招，教您来制作这款既简单又便捷，最重要的是很好吃的方核桃饼干。让您的孩子在家里吃着饼干，就把这营养丰富的核桃给吃了。

原料

蛋糕粉…………… 190g

核桃…………… 40g

黄油…………… 95g

糖粉…………… 95g

鸡蛋…………… 50g

 ## 制作步骤

1. 黄油软化后倒入糖粉拌匀，分次打入蛋液搅打至中度发泡。

2. 放入核桃与黄油拌匀，加入面粉搅拌至面团成形。

3. 面团成形后放入模具中压实，盖保鲜膜入冰箱冷藏 2 小时。

4. 趁面团尚未软化，迅速分割切成正方形放入烤盘备用。

5. 烤箱提前预热 10 分钟，上下火 180℃烤 13 分钟即可。

7

CHAPTER
第七章

可爱暖心小点

SNACK

棒棒糖

> 对孩子来说，缤纷的色彩和清甜的味道都是无法抵挡的诱惑，而棒棒糖正是这两者的完美结合。不仅仅是孩子，对一些童心未泯的成年人来说，棒棒糖也是生活中最佳的调味剂。有数据显示，每年全球吃掉的棒棒糖多达上百亿只！可见大家对它的喜爱。今天曹老师就教你如何在家做出最纯正、健康的棒棒糖，让你品尝糖果精灵的美妙滋味。

原料

葡萄糖浆（或淀粉糖浆） 55g　　蒸馏水（或纯净水）90g

细砂糖⋯⋯⋯⋯ 250g　　天然食用色素⋯ 2g

1. 将蒸馏水、细砂糖混合，慢火熬制出浮
   沫。将表面浮沫清除，倒入葡萄糖浆，
   继续熬制 15 分钟。

2. 糖浆达到 158℃后离火，降温后灌入模
   具中，灌入一半满即可。粘花，插糖棍。
   稍微冷却后再浇注另一半糖稀，如果
   变浓稠了就稍微再加热一下。

3. 将剩余糖浆倒在不粘垫上，待温度降低，
   加入适量天然食用色素，揉制成球形，
   插长塑料糖棍，沾水和砂糖即可。

烘焙小贴士

1. 要选用高品质的纯净砂糖，否则会影响效果。
2. 目前很多朋友用艾素糖制作棒棒糖，透明度最好。

 # 覆盆子慕斯

> 慕斯的名字来自英文的mousse，它的意思是一种充气奶冻式的甜点，吃起来的口感是滑滑的、带一点点弹性。慕斯起源于欧洲，被人们认为是一种非常奇妙的甜点。慕斯最早的时候是作蛋糕的夹层，或者是作为改善蛋糕结构、增加黏稠度的材料使用。后来，越来越多的人直接就爱上了慕斯的这种独特的味道。今天要教您做一款慕斯特别适合在夏天吃，尤其是把它放到冰箱冰镇一会儿之后，滋味更好。这就是覆盆子慕斯。

奶酪……………… 150g   酸奶……………… 36g

淡奶油…………… 150g   蛋黄……………… 2个

砂糖……………… 60g   樱桃酒…………… 6g

干鱼胶片………… 5g   覆盆子果蓉…… 54g

红加仑或其他水果适量

清蛋糕坯：可以买现成的，也可以自己在家制作。

制作步骤

1. 将鱼胶片放到冷水中浸泡5~10分钟。

2. 将淡奶油打发至浓稠，放入冰箱冷冻。

3. 将奶酪放入盆中隔水（热水）搅拌至软化。

4. 倒入一半的酸奶搅拌均匀。

5. 将奶酪从热水中取出，加入剩下的酸奶，用蛋抽搅打至完全化开。

6. 将蛋黄、砂糖、樱桃酒放入盆中搅拌均匀，隔水加热至70℃以上。

7. 加入泡好的鱼胶片，搅拌至充分融合。

8. 将处理好的蛋黄液加入到奶酪当中，搅拌均匀。

9. 倒入打发好的淡奶油以及覆盆子果蓉，充分搅拌均匀。

10. 将覆盆子慕斯糊倒入裱花袋，挤到模具中，加上蛋糕坯。

11. 入冰箱冷冻4~6小时左右快速取出，用红加仑或其他水果装饰即可。

烘焙小贴士

1. 打发蛋黄时如果太浓稠，可以加入一点干净的水。

2. 制作慕斯时为了食用安全考虑，蛋黄要加热至75℃左右。

3. 蛋黄不宜搅拌时间过长。

4. 处理好的蛋黄分两次加入奶酪中使其更加均匀。

5. 将覆盆子加入糖水中搅碎，并过筛去籽。

 果仁巧克力

"

　　说起果仁巧克力，您可能首先想到的是那种外表是巧克力，内在是丰满果仁的甜点。一口下去，咯吱咯吱脆，特别诱人。巧克力给人的感觉，好像永远都是跟爱情相连的，甜蜜的，幸福的，美满的。这是一件甜品带给人们最好的体验了。巧克力独特的口味，能够包容各种各样其他的食材，首先就是干果。之所以果仁巧克力这么受欢迎，是因为它可以把干果和巧克力完美融合。让你不仅仅体验到巧克力的这种甜蜜，而且还可以感觉到坚果那种铿锵有力的口感。今天我们就身负重任教您制作这款甜蜜又幸福又醇香满满的果仁巧克力。

"

 **原料**

黑巧克力········· 150g（含58%的可可）　　开心果······25g

扁桃仁··········· 25g　　　　　　　　　　　提子干········· 25g

核桃仁··········· 25g　　　　　　　　　　　糖粉············· 适量

 **制作步骤**

方法一。将2/3黑巧克力隔热水化开至40℃左右。

加入剩余的黑巧克力到降温后的巧克力搅拌至30℃左右。

把巧克力灌入挤袋中挤到不粘垫板上。

在巧克力上装饰上果仁.如果室温高就冷藏一下，至凝固即可。

方法二。将一部分果仁放入碗中裹上巧克力使其粘连在一起。

用小勺均匀地放在不粘垫上。

方法三。将果仁放入碗中加少量巧克力，放入少量糖粉，然后用力摇，让糖粉粘上，反复多次（至少加入15次），然后搅拌成形。

均匀地裹上糖粉即可。

 烘焙小贴士

1.化开巧克力的温度不能过高，否则香气容易挥发掉。

2.快速搅拌果仁，使巧克力酱凝固却不粘连在一起。

3.化开巧克力小窍门：进行二次调温使其加热过的巧克力能快速降温。

4.巧克力酱温度过高凝固之后的后果：（1）表面变花；（2）硬度不够；（3）保质期缩短；（4）一摸即化。

焦糖布丁

布丁的名字来自英语音译 pudding。它是一种非常独特的英国传统美食。它的来历很神奇。在英国最早的时候，有一种血肠叫布段，一步一步演变，成了现在我们用鸡蛋、面粉、牛奶来制作成现在的布丁。很多人喜欢布丁，就因为它有那种入口爽滑的感觉，冰冰凉凉，可以让你胃口大开。顶端的那一层焦糖带来一丝丝微苦的感觉，清爽的蛋香让人沉醉。今天就教您这个家家户户都应该会做的焦糖布丁。

原料

汁：
牛奶⋯⋯⋯⋯⋯ 250g
鸡蛋⋯⋯⋯⋯⋯ 2.5 个
香草荚⋯⋯⋯⋯ 1 根
砂糖⋯⋯⋯⋯⋯ 50g

焦糖：
砂糖⋯⋯⋯⋯⋯ 100g
清水⋯⋯⋯⋯⋯ 30g

 制作步骤

用 30g 水和 100g 砂糖一起熬煮到 170℃成焦糖。

将熬好的焦糖用勺子灌入布丁模具中。

将部分牛奶倒入锅中加热。预留一些牛奶加入鸡蛋和 50g 砂糖拌均匀。

香草荚切开取籽，加入到牛奶当中煮开，浸泡一会，使其味道更加充足。

将浸泡好的牛奶冲到蛋液中，快速搅拌均匀后，回锅加热至 80℃左右。

将蛋液用筛子过滤。

将处理好的蛋液倒入模具中，倒至九分满。

入烤箱 160℃左右，隔水烘烤 20 分钟。

将布丁出炉放凉后，脱模反放在盘子上装饰即可。

烘焙小贴士

1. 熬焦糖时如果不加水直接熬，成品容易发苦。

2. 搅拌蛋液时，搅拌次数不能过多，否则全是泡沫。

3. 使用过的香草不要扔掉，可以反复使用。

4. 熬制焦糖的注意事项：（1）焦糖的温度要控制在 170℃左右；（2）焦糖的量不能太多；（3）在 116℃温度点上不要过多的搅拌，否则容易变成砂糖；（4）焦糖熬制到 140℃左右时，要注意时刻观察，小心烧焦；（5）熬制焦糖，使用电陶炉效果更佳；（6）焦糖呈褐色时即可熄火，以免余温把焦糖烧焦。

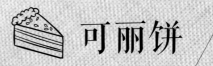

可丽饼

可丽饼代表了法国独特的饮食文化。它像法国面包一样非常普及，深受人们的喜爱。如果到法国的可丽饼小摊上去点餐，会被香气扑鼻的可丽饼吸引。摊饼皮的技巧就可以让你驻足。佐以五颜六色的水果或冰淇淋，吃上一盘无比惬意。可丽饼的魅力势不可挡。

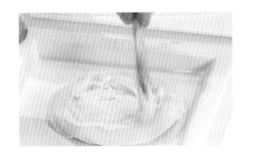 

 原料

饼皮：

鸡蛋…………… 1 个

黄油…………… 9 克

糖粉…………… 25 克

牛奶…………… 130 克

低筋面粉……… 60 克

烩水果：

甜橙酒………… 10 克

什锦水果……… 40 克

橙汁…………… 30 克

砂糖…………… 20 克

黄油…………… 10 克

卡仕达酱：

黄油…………… 9 克

砂糖…………… 42 克

蛋黄…………… 39 克

朗姆酒………… 3 克

香草荚………… 半根

牛奶…………… 138 克

淡奶油………… 300 克

生吉士粉……… 12 克

制作步骤

烩水果

用低温炒黄油。

加入砂糖炒成焦糖。

加入橙汁,把糖融开。

加入水果,炒一下。

加入甜橙酒。

制作卡仕达酱

牛奶和香草荚煮2分钟。

砂糖、蛋黄、吉士粉拌匀成面糊状。

拌匀的面糊加煮开的牛奶,再快速搅拌至熟透。

离火后,加入黄油搅拌至化开。

冷却后加入朗姆酒搅拌。

打发淡奶油。

把打发的淡奶油加入酱中,要轻轻搅拌。

把卡仕达酱放凉。

....

✎ 制作可丽饼

低筋面粉加入糖粉、鸡蛋、牛奶搅拌均匀。

把面糊过筛。

加入化开的黄油。

低温加热平底锅。

用平底锅将面糊摊成薄饼。

将卡仕达酱涂抹在饼皮上。

卷入水果装饰即可。

烘焙小贴士

1. 可丽饼现场制作为宜，要现场制作。

面包黄油布丁

> 面包黄油布丁是面包的一种非常特殊的表现形式。它让我们吃到了与平日里不一样的面包。这个布丁有着不同寻常的来历。1588年英国军队战胜之后，回国的路上弹尽粮绝。厨房只剩下些许的碎肉，还有一些碎面包粒，这个时候实在是没有别的办法了，只能把这些食材全部混合在一起加入了鸡蛋蒸熟，这种布丁就这么来了。面包黄油布丁的出现同时也解决了咱们在家里吃面包常遇到的一个大难题。面包买多了吃不了，隔时间长了之后水分蒸发，非常干燥，吃起来味道也非常怪。今天我们就要教给您来做这款非常好吃又能够帮我们解决难题的面包黄油布丁。

**原料**

牛奶⋯⋯⋯⋯⋯ 150g　　　鸡蛋⋯⋯⋯⋯⋯ 30g

吐司面包⋯⋯⋯ 3 片　　　　砂糖⋯⋯⋯⋯⋯ 30g

黄油⋯⋯⋯⋯⋯ 适量　　　葡萄干⋯⋯⋯⋯ 40g

生杏仁片⋯⋯⋯ 15g　　　果酱少许（根据个人口味添加）

糖粉⋯⋯⋯⋯⋯ 适量

制作步骤

1 在吐司面包上均匀地刷上黄油。

2 入烤箱，180℃烤制 5 分钟左右。

3 在模具内壁上刷上一层黄油。

4 将鸡蛋和砂糖搅拌均匀。

5 将牛奶加热（也可不用加热）。

6 将加热的牛奶冲到蛋液中，搅拌均匀。

7 将烤好的面包片切成丁状。

8 把面包丁和葡萄干均匀地铺在模具内。

9 倒入蛋奶液，撒上生杏仁片。

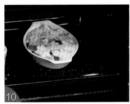

10 入烤箱，180℃隔热水烘烤 20 分钟。

11 趁热刷上黄油和果酱，装饰些许糖粉即可。

**烘焙小贴士**

1. 刷上黄油的面包入烤箱烤制，使黄油充分融入面包中。

2. 加热牛奶的原因：可缩短面包黄油布丁的烤制时间。

3. 蛋汁可以根据个人口味添加桂皮粉、香草或者酒等。

奶油水果泡芙

 原料

黄油··············	75g	牛奶··············	30g
砂糖··············	4g	低筋面粉·········	90g
盐················	2g	鸡蛋··············	140g
吉士酱··········	适量	水················	130g

泡芙是 puff 的音译。这是先熟制面团又加鸡蛋烘烤的产品，表面焦香酥脆，内心空洞，可以注入各种馅料或者填加水果，演绎出多个品种。这种面糊的制作有些难度，烘烤也很讲究，因此具有无限的乐趣和挑战性。

烤箱预热，上火 190℃，下火 170℃

将低筋面粉过筛。

将水煮开。

加入牛奶、盐、糖、黄油一起煮开。

离火，加入过筛后的低筋面粉搅拌。

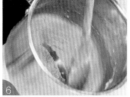
将面糊回火重新加热，快速搅拌至锅底产生薄薄一层膜。

取出面糊，晾凉。

分次加入鸡蛋，搅拌均匀。浓度依照产品而定。

使用裱花袋挤在烤盘上。

入烤箱，烤 40~50 分钟。

把烤好的泡芙从烤箱中取出。

将冷却后的泡芙切开备用。

将吉士酱填充进裱花袋。

将吉士酱挤入空空的泡芙中。

加入水果装饰。

再挤上吉士酱，盖上另一半泡芙即可。

烘焙小贴士

1. 烘烤温度随泡芙体积增大而提高。
2. 用中速打发淡奶油，打发的淡奶油需要保持冰凉的状态。
3. 打发的淡奶油要硬些。
4. 吉士酱需要一定的硬度，可塑性强。
5. 如果需要厚皮的泡芙炉温可以调低。

巧克力慕斯杯

慕斯中巧克力口味的当排第一位。绵软泡沫似的口感令很多人陶醉。早在很多年前，为了是巧克力更清爽，使用的是鸡蛋发泡材料，如今的淡奶油洁白、细腻、淡雅，将巧克力的味道和口感提升到了极限。曹老师的做法简单易学，快动手试一下吧！

 **原料**

主料：

黑巧克力……… 250g　　　可可粉 ………… 10g

咖啡粉………… 1g　　　　淡奶油 ………… 500g（平分成2份）

朗姆酒………… 5g　　　　草莓（或其他水果）适量

装饰用原料：

什锦水果、淡奶油（打发使用）、糖粉、巧克力屑各适量

制作步骤

慢火将其中一份淡奶油加热，不停搅拌至80℃。

将淡奶油浇入黑巧克力中，静置至巧克力完全化开。

将可可粉、咖啡粉、朗姆酒加入步骤2的液体中搅拌均匀。

草莓洗净切丁，放入容器中，每个杯子约半颗草莓。

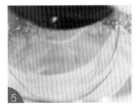
将另外的适量淡奶油打发，速度由慢速变快速。

将巧克力混合物灌入挤袋中，挤入杯子。

将杯子轻轻颠一下排出气泡，冷藏2小时，待巧克力慕斯凝固。

根据个人喜好装饰表面即可。

 烘焙小贴士

原料混合顺序：由轻到重，由少到多。

 # 水果冻

> 水果冻的色泽鲜艳透亮，吃起来香甜清爽。在夏天含上一颗冰冰凉的水果冻，感受着一丝丝的凉意，再慢慢用嘴把水果冻抿碎，细细品味各种各样的水果的好味道，我相信这种感觉一定是所有人在夏天最想有的体验。水果冻并没有我们想象得那么难做，没有非常复杂的步骤，也没有各种各样琳琅满目的食材，它只需要你掌握应有的技巧。接下来我们跟着曹老师一起去做一款在夏天最适合你的水果冻。

原料

纯净水·········· 500g

砂糖··········· 125g

吉利丁片········ 20g

柠檬汁·········· 10g

各种水果········ 适量

制作步骤

1. 将吉利丁片放入冰水中，浸泡 15 分钟左右。

2. 将纯净水和白砂糖煮开，制成糖水。

3. 各种水果切成小丁，分别放入容器中备用。

4. 将泡软的吉利丁片沥干水分，放入热糖水中溶化搅匀。

5. 将柠檬汁倒入糖水中，将糖水灌入容器中冷藏 2 小时即可。

 水果沙拉

沙拉在北方叫沙拉，在上海那边就叫色拉，到了广东和香港那边就称之为沙律。沙拉总而言之就是说把水果、蔬菜切成丁，配上各种各样的酱料，再加上各种各样的汁水，调和在一起，吃起来特别清新。很多人觉得沙拉很普通，其实沙拉大有门道。有人认为沙拉必须得放上沙拉酱、千岛酱等才称之为沙拉，其实不然，有一种沙拉不用这种酱只需要加上非常爽口的甜水，便可以形成一道亮丽的沙拉风景线，那就是水果沙拉。水果沙拉到底怎么做呢? 今天曹老师来教您，让您再次爱上水果沙拉。

 原料

蒸馏水············ 100g	提子············· 适量
（纯净水也可）	橙子············· 2 个
砂糖············· 25g	血橙············· 2 个
鲜柠檬··········· 1/4 个	猕猴桃··········· 2 个
新鲜薄荷叶······ 5g	蓝莓············· 适量
（提前用冰水浸泡）	

 制作步骤

1. 将蒸馏水和砂糖放入锅中煮开, 晾凉备用。
2. 将新鲜水果洗净切块, 放入煮好的糖水中, 添加适量柠檬汁。
3. 将做好的水果装入杯子中, 倒入糖水, 摆放薄荷叶装饰即可。

 烘焙小贴士

1. 要用凉的糖水去接触新鲜水果, 切记不要用热水。
2. 不适用做水果沙拉的水果包括香蕉、西瓜、桑葚等。

松露巧克力

说起松露巧克力来，您最先想到的是什么呢？是它的外形酷似刚出土还带着泥沙的松露，还是平凡外表之下、你无法抗拒的美味呢？其实松露的做法都是外边先包上一层厚厚的可可粉，吃起来您会感觉到先苦后甜。丝丝入滑的口感之下，你会感觉到什么叫作真真正正的入口即化。说到入口即化，是因为这松露有着独特的配方，才能够达到 27℃ 的最低融点。它所带来的效果是其他巧克力无法比拟的。松露巧克力传自法国皇室，到目前为止，已经发展到了有美式、欧式等各种各样的口味。虽然说味道大不相同，但是都有一个共同的特点——人人都爱它的美味。那么今天，我们要学习的是哪一种口味的松露呢？

原料

黑巧克力········· 165g　　　淡奶油··········· 125g

黄油············· 25g　　　　樱桃酒··········· 10g

可可粉··········· 适量

制作步骤

1. 将黑巧克力装在碗中，放入盛有热水的盘中隔水化开。

2. 将淡奶油加热至 70℃ 后倒入巧克力中充分融合。

3. 从容器底部按一个方向慢慢搅拌至色泽光亮。

4. 将巧克力酱从温水中取出，依次加入黄油、樱桃酒搅匀。

5. 将部分巧克力酱倒入容器，放入冰箱中，冷却两小时后切小方块，裹上糖粉。

6. 将剩余巧克力酱隔冰块降温至半凝固状态，放入挤袋造型。

7. 巧克力球上撒上可可粉放入冰箱冷冻两小时。

8. 根据个人喜好为巧克力造型，分别再裹上可可粉即可。

 香蕉包 /

> 先说点跟烘焙看似没什么关系的事——说说水果。现在很多人每天都要吃大量的水果，补充各种各样的维生素。更有很多的女士朋友们每天把水果作为自己的主食来食用，减肥效果不错。但是有一个问题一直困扰着她们，那就是水果买了吃不完就放坏了，多可惜呀。今天教您制作一款水果甜点，可以解决这个问题。

原料

鸡蛋⋯⋯⋯⋯⋯⋯ 2 个

牛奶⋯⋯⋯⋯⋯⋯ 30g

红糖⋯⋯⋯⋯⋯⋯ 250g

色拉油⋯⋯⋯⋯⋯ 30g

低筋面粉⋯⋯⋯⋯ 250g

香蕉⋯⋯⋯⋯⋯⋯ 350g

无铝泡打粉⋯⋯⋯ 3g

 制作步骤

1.把香蕉去皮打成香蕉蓉。

2.把香蕉蓉和红糖混合搅拌均匀。

3.加入鸡蛋搅拌均匀。

4.低筋面粉和无铝泡打粉过筛加入到香蕉糊中。

5.加入牛奶和色拉油搅拌均匀。

6.把香蕉糊灌入模具四分之三处。

7.入烤箱,上下火 180℃烘烤 30 分钟即可。

 香梨海伦

西餐之父奥古斯特在18世纪中期观看了一场音乐剧。音乐剧讲述的是一个王子和一个公主的爱情故事，这个公主就叫海伦。看完音乐剧之后他感触颇多，被剧情所感染，于是，剧后马上创造了一款以海伦的名字命名的一款甜点就叫香梨海伦。这应该是一款非常有激情而又充满了想象力的甜点吧。今天教您制作这一款甜点不仅仅充满了理想，还可以在品尝香梨之余，感受感受冰淇淋的丝丝凉甜。

 **原料**

香梨 3	个	香草冰淇淋	1 个
杏仁片	10g	巧克力酱	50g
砂糖	200g	水	600g
桂皮	25g	丁香	2 粒
柠檬汁	1/4 个	红樱桃	适量
薄荷叶	适量	奶油	适量

制作步骤

将梨去皮、去核备用。

将水、砂糖、丁香、桂皮、柠檬汁、香梨依次放入锅中煮开至梨熟。

将煮好的梨浸泡放凉。

可可粉装饰盘边。将香梨划口盖在香草冰淇凌上。

装饰上奶油、巧克力酱、红樱桃以及薄荷叶，撒上杏仁片即可。

烘焙小贴士

1. 挑选硬度高一些的香梨。
2. 梨的硬度不同，煮制的时间也将有所不同。
3. 如果梨煮至透明，表示已经煮透了。
4. 煮好的梨可以放置较长时间，随用随取。

香桃麦尔巴 /

很多甜点的名字都是由外文直译而来的，比如说经典的有提拉米苏、马卡龙、布朗尼等等。这些甜点不仅仅口味好吃，而且名气都很大，但是像这样名气非常大的甜点，有一个共同的问题，就是制作起来比较繁琐。对于初学者而言，烘焙难度非常大。今天要教您一款非常经典的甜点，名气上是和提拉米苏、马卡龙等这一类别的甜点齐名，但是制作起来却非常简单，名字叫香桃麦尔巴。这香桃麦尔巴的名字，来自1892年著名的女高音歌唱家奈丽·麦尔巴。她在英国举办了一场演唱会，歌声悠扬，感染了前去英国参加演唱会的西餐之父奥古斯特。奥古斯特一听这个音乐，来了灵感了，就用麦尔巴的名字作为灵感的源头，创作了这一款经典的甜点并流传至今。

原料

鲜桃	500g	薄荷叶	适量
橙汁	500g	砂糖	75g
香草冰淇淋	1杯	桂皮	1片
覆盆子酱	适量	丁香	两粒
奶油	适量	柠檬汁	10g

制作步骤

1. 桃子去皮、去核，改刀切成小块后备用。
2. 锅中加入橙汁、砂糖、桂皮、丁香煮开，将桃块放入煮至七分熟。
3. 桃子煮好后去除表面浮沫，捞出冷冻或隔夜冷藏。
4. 杯中加冰淇淋球，依次放入桃块、覆盆子酱、奶油、薄荷叶装饰即可。

 # 杏仁豆腐 /

> 杏仁豆腐虽说有豆腐这两个字，但是跟豆腐却没有任何的关系。这是东南亚非常流行的一款甜点，看起来外表非常洁白、干净，吃起来口感细腻、爽滑，口味甘甜浓郁。夏天先把杏仁豆腐放进冰箱里冰镇一下，吃的时候拿出来切成小块，之后加上各种各样的热带水果，再淋上一点糖水。那种特别冰凉的感觉，您不想在家里试试吗？

 原料

牛奶·············· 250g

砂糖·············· 70g

吉利丁片········ 10g

各色水果········ 适量

杏仁·············· 适量

 制作步骤

1.用保鲜膜覆盖在盘子表面，使奶冻取下更加方便。

2.将吉利丁片放入冰水中，浸泡15分钟左右。

3.牛奶中加杏仁小火加热，随后放入砂糖煮开。

4.开锅后关火，加入吉利丁片，溶化后将牛奶过筛。

5.过滤后的牛奶倒入盘中放凉，放入冰箱冷藏两小时。凝固的奶冻分割后装盘，加糖水、水果丁摆盘即可。

 椰奶西米露

" 　　说起西米露来，相信没有几个人不爱它香滑顺口的感觉。尤其是当西米露配上了新鲜的水果，经过冰镇那凉丝丝甜蜜蜜的感觉，真的堪称是人间一大享受。

　　要知道想吃到好的西米不容易。西米本来就不属于大米的一类。它用西谷椰树的木髓部提取的淀粉，经过后期加工而成，主要来自于马来群岛一带。您要好好体验一份好喝的西米露，一定先感受感受那一颗颗晶莹剔透晶莹如水晶的、小的西米，马上咬破一个，感受这种弹牙质感，还有那迸发出来的那丝凉意。 "

原料

西米·············· 30g

椰奶·············· 200g

红糖·············· 100g

水················· 100g

杂果·············· 适量

 制作步骤

1. 西米放入凉水中浸泡2个小时。

2. 红糖和水以1：1的比例熬制成浓稠的糖浆，放凉备用。

3. 将泡好的西米倒入滚开水中，同时不停搅拌至完全成熟。

4. 将煮好的西米倒入冰水中，反复浸泡冲洗至水变清澈。

5. 杯中依次放入杂果、西米，倒入糖浆、椰奶即可。

 # 意大利奶冻 /

> 意式奶冻源自意大利的皮埃蒙地区，相传是由意大利北部的牧羊人代代流传下来的。这道甜品口感非常醇厚，他们是将非常新鲜的奶油经过加温之后，再自然冷却，凝固之后搭配各种各样简单的调味料食用。后来我们对烘焙的要求越来越高了，在制作这款意大利奶冻时会加入一些吉利丁，增加凝固感，吃起来就像那种奶冻一样。很多人吃过各种各样的冻类食品，奶冻、果冻、豆腐冻等等，但意大利的奶冻一定会给你不一样的口感。今天曹老师要亲自教您来制作这款意大利奶冻。

 **原料**

牛奶·············· 60g

香草荚·········· 1 支

鱼胶片（吉利丁片）4g

淡奶油 ········ 240g

砂糖 ··········· 55g

制作步骤

1 将吉利丁片放入凉水中泡软备用。

2 将牛奶和淡奶油放入锅中小火慢煮。

3 将香草荚压扁后切开，取籽。

4 将香草荚放入锅中，慢火熬制5分钟左右。

5 将泡软的鱼胶片沥干水加入到锅中。

6 加入砂糖搅拌至完全化开。

7 将液体倒入模具中，放入保鲜冰柜隔夜冷藏。

8 取出后根据个人喜好装饰即可。

 烘焙小贴士

1. 凉水浸泡可以软化吉利丁片，而不会使其融化。

2. 用过的香草荚可以反复使用，也可以用来泡茶水。

3. 制作意大利水果奶冻，要在奶汁凝固之前加入水果。

 # 炸香蕉

> 现在，在烘焙产品中会加入很多很多的水果，但很多烘焙爱好者认为加入水果之后，难度大大增加，就把它们都舍弃了。但是这样做您就不对了，您需要向这些水果道歉，因为在未来的烘焙趋势中，水果将会成为一道亮丽的风景线，并且会开拓出一条真真正正的烘焙新思路来，那么今天我们从哪开始呢？就从你所喜欢的这个炸香蕉开始吧！

原料

香蕉	3 根	泡打粉	5g
低筋面粉	50g	砂糖	适量
淀粉	50g	牛奶	40g
生吉士粉	5g	鸡蛋	1 个
玉桂粉	适量	食用油	适量

制作步骤

把鸡蛋、牛奶、25g 砂糖搅拌均匀。

将淀粉、低筋粉、生吉士粉、泡打粉混合均匀。

将混合粉倒入步骤 1 的材料中，搅拌成面糊。

香蕉去皮，切断。

油烧至 180℃。

蘸上面糊，下锅炸至金黄色。

把适量砂糖和玉桂粉混合均匀。

蘸上玉桂糖即可。

蛋白糖

> 说起蛋白糖来，首先回忆到小时候的那种味道。闭上眼睛回味一下，那种外面是酥酥的，里面是软软的糖。含在嘴里马上就融化掉，特别特别地美。现在你要是吃蛋白糖，不仅仅可以直接来吃，和牛奶、和咖啡、和奶茶混搭一下，那绝对不仅是时尚的生活潮流，更重要的是可以让你在闲余的时间体味一份生活对你真情的馈赠。当然了制作这款非常非常简单的蛋白糖，原材料随处可得。只需要您用心，跟着曹老师一起来好好学学，那么在家中这一切就会迎刃而解。

原料

蛋白············· 100g

砂糖············· 150g

水············· 80g

各色果干········ 适量

 制作步骤

1. 锅中加入水和砂糖，开小火熬制至116℃。

2. 糖浆到达温度后冲入已经打发好的蛋白中，继续打到温度变低。

3. 打好的蛋白分别加入果干，分成小团放入烤盘备用。

4. 入烤箱，110℃左右烘烤20分钟，改90℃烘干3~4小时即可。

图书在版编目（CIP）数据

烘焙来了：曹大师的私房烘焙清单 / 中华美食频道《烘焙来了》栏目组著.

—青岛：青岛出版社，2016.10

ISBN 978-7-5552-4438-7

Ⅰ.①烘… Ⅱ.①中… Ⅲ.①烘焙—糕点加工 Ⅳ①TS213.2

中国版本图书馆CIP数据核字（2016）第242167号

《烘焙来了》主创人员名单

总　策　划：	朱铁一　王亚军
制　片　人：	金　静
编　　　导：	刘扬　况欣　刘秀丽　王泉
摄　　　像：	封雷　王超
视 频 技 术：	吕厚凯
包　　　装：	孙萌　黄晶
化 妆 造 型：	李园
制　　　片：	邵福绪　王丹
制 片 主 任：	王晶
节 目 发 行：	苏毅　李彬
特邀嘉宾主持：	曹继桐
节 目 总 监：	王绪涛
总 制 片 人：	毕海英
总　监　制：	文海

书　　名	烘焙来了：曹大师的私房烘焙清单
著　　者	中华美食频道《烘焙来了》栏目组
栏目电话	0532-68851057
微 信 号	hongbei11
出版发行	青岛出版社
社　　址	青岛市海尔路182号（266061）
本社网址	http://www.qdpub.com
邮购电话	13335059110　0532-68068026
策划编辑	周鸿媛
责任编辑	肖　雷
封面设计	任珊珊
制　　版	青岛乐喜力科技发展有限公司
印　　刷	青岛海蓝印刷有限责任公司
出版日期	2017年5月第1版　2017年5月第1次印刷
开　　本	16开（787mm×1092mm）
印　　张	15.5
字　　数	100千
图　　数	1200幅
印　　数	1-12000
书　　号	ISBN 978-7-5552-4438-7
定　　价	49.8元

编校印装质量、盗版监督服务电话　4006532017　0532-68068638

建议陈列类别：生活类 美食类

- 培训课堂/烘焙微课堂 　　*The training classMicro baking class*
- 烘焙公益在线课堂 　　*Baked good online classroom*
- 食谱视频在线观看 　*Recipes depending on the spectrum watch online*
- 烘焙书籍销售推广 　　*Bake for book sales promotion*
- 试吃试用互动活动 　　*Try try interactive activities*
- 新品发布产品推荐 　　*Launch product recommendations*
- 企业培训视频制作 　　*Enterprise training video production*

微信 | 公众平台

每日精彩看點：

美好清晨伊始--活力养生
日间安全食材--时尚厨房
午间名厨烹饪--美食娱乐
晚间精神缮宴--美食文化

"美味中国行"全民烹饪大赛

"美味凉拌菜"大赛

全国水饺大赛

辣椒酱大赛

靓汤煲汤大赛

"花样面点"大赛

"中华烘焙小能手"电视大赛

世界面包师大赛

"营养健康万里行"全国巡讲